LES

EAUX D'AULUS

—

REVUE CLINIQUE

Paris. — Typ. PILLET et DUMOULIN, 5, rue des Grands-Augustins.

LES

EAUX D'AULUS

REVUE CLINIQUE

PAR

Le Docteur ALPHONSE ALRIQ

MEMBRE CORRESPONDANT DE LA SOCIÉTÉ D'HYDROLOGIE MÉDICALE
ET DE LA SOCIÉTÉ DE MÉDECINE PRATIQUE DE PARIS
MÉDECIN CONSULTANT A AULUS (ARIÈGE)

PARIS

ALEX. COCCOZ, LIBRAIRE-ÉDITEUR
11, RUE DE L'ANCIENNE-COMÉDIE, 11

—

1880

LES EAUX D'AULUS

REVUE CLINIQUE

AVANT-PROPOS

Les eaux d'Aulus ont été découvertes en 1823 ; mais, faute de voies de communication, faute d'installation balnéaire et de comfort dans les hôtels, leur notoriété, en 1872 ne dépassait guère les limites des cinq ou six départements limitrophes, lorsque, à cette époque, elles furent achetées par un groupe d'hommes actifs, intelligents qui, par le captage des sources, la construction d'un établissement thermal, l'installation d'une buvette et d'autres améliorations importantes ont donné à la station une impulsion et une vogue telles que le nombre des buveurs à quadruplé en sept ans. Malgré cette vogue toujours croissante, ces eaux sont peu ou mal connues. Si les médecins du Midi les tiennent en haute estime à cause des excellents effets qu'en ont retirés leurs malades, les praticiens du Nord, et de Paris en particulier, ne les

connaissent guère qu'au point de vue de leurs
applications dans le traitement de la syphilis
constitutionnelle. Encore sont-ils un tant soit peu
sceptiques à l'égard de leurs vertus antisyphili-
tiques, comme nous avons pu le constater dans
les rapports que nous avons eus avec plusieurs
confrères de la capitale. Cet état de choses tient
à deux causes : 1° au très petit nombre de publi-
cations qui ont paru sur la matière, à l'absence
presque complète de travaux cliniques résumant
l'ensemble des applications thérapeutiques des
eaux d'Aulus, à l'aide d'observations suffisamment nombreuses, rédigées avec tout le soin et
les détails nécessaires ; 2° à une publicité malha-
bile qui a eu le tort de donner trop de relief à
l'action antisyphilitique de ces eaux, laissant
dans l'ombre une foule d'états morbides où leur
puissance curative se montre au moins égale,
sinon supérieure.

Pour remédier à ce dernier inconvénient, il
suffit de signaler le fait à la Société des eaux
d'Aulus qui s'empressera, nous n'en doutons pas,
de modifier le caractère de sa publicité.

Quant à la lacune signalée plus haut, nous
tâchons de la combler aujourd'hui, en présentant
au public médical un tableau fidèle quoique suc-
cinct des affections chroniques justiciables de nos
eaux. A l'appui de nos affirmations, nous relate-
rons un assez grand nombre d'observations, que
nous croyons avoir prises avec tout le soin et
l'impartialité désirables. Nous ne reviendrons pas

sur les caractères physiques et les effets physiologiques des eaux d'Aulus, ni sur les théories que nous avons émises à propos de leur action purgative (1). Les théories sont toujours plus ou moins discutables : aussi abandonnant ce terrain mouvant et peu solide, nous entrerons dans le domaine plus sûr des faits cliniques. Nous raconterons simplement ce que nous avons vu et observé, laissant au lecteur le soin de conclure.

Nous osons espérer que ce modeste travail ne sera pas inutile pour le praticien peu éclairé sur les propriétés de nos eaux, et qu'il contribuera dans une certaine mesure à la vulgarisation de leurs applications thérapeutiques, partant au soulagement des malades, but final de nos efforts.

CHAPITRE PREMIER

DYSPEPSIES.

Ce qui nous a frappé le plus particulièrement dans l'étude des eaux d'Aulus, c'est leur action incontestable sur les sécrétions des principaux appareils glandulaires de l'économie. Sous leur influence, il se produit presque invariablement un effet tantôt laxatif, tantôt purgatif, suivant la dose à laquelle on les administre et l'idio-

(1) Les eaux d'Aulus, leurs effets physiologiques, etc., par le Dr Alriq.

syncrasie du malade. La qualité des selles qui sont très souvent noires, poisseuses, puis verdâtres ; la diminution de volume du foie, lorsqu'il est hypertrophié, nous prouve que cet organe subit une excitation sécrétoire manifeste. Les reins n'échappent pas à cette influence. L'effet diurétique se produit ordinairement dès le premier jour : très marqué quand le flux intestinal est de médiocre intensité, il diminue habituellement en raison inverse de l'action purgative. L'excitation des glandes salivaires se traduit, et cela fréquemment par une augmentation de la salive et des crachotements plus marqués au début de la cure. Comme conséquence de ces effets, l'appétit perdu ou diminué augmente ou renaît, les digestions troublées se régularisent, la constipation disparaît, et sous l'influence de ce coup de fouet donné à la vie de nutrition, les malades se sentent plus gais, plus forts et plus disposés à l'exercice, qu'ils supportent sans fatigue.

Ce court résumé de l'action physiologique des eaux d'Aulus n'était pas inutile, car il nous prouve qu'elle sont naturellement indiquées dans le traitement de la dyspepsie en général, et surtout de certaines formes que nous aurons soin de spécifier dans le cours de ce chapitre.

Dyspepsie par insuffisance du suc gastrique. — Dyspepsie alcaline de Chomel(1). *Dyspepsie putride de Dujardin-Beaumetz* (2).

Cette forme de dyspepsie fréquente chez les grands mangeurs de viande, chez les habitants des villes où l'air est peu oxygéné, se traduit par les symptômes suivants : immédiatement après le repas, sensation de pesanteur à

(1) *Des dyspepsies,* par le professeur Chomel, page 97.
(2) *Leçons de clinique thérapeutique,* par le Dr Dujardin-Beaumetz, page 367.

l'estomac, barre épigastrique, contractions du viscère qui amènent quelquefois le vomissement, odeur putride de l'haleine pendant tout le temps que dure la digestion stomocale, coliques sourdes quand le bol alimentaire franchit l'orifice pylorique, emission de gaz sulphydriques et diarrhée, quand le suc pancréatique n'a pu achever la peptonisation des matières azotées. Ces troubles digestifs praraissent dus à une diminution du suc gastrique et surtout de l'acide chlorhydrique, grâce auquel la pepsine, ferment spécial du suc gastrique, transforme les aliments protéiques en peptones (Rotureau, Richet).

Une expérience déjà longue montre que les eaux d'Aulus conviennent à cette forme de dyspepsie et que, sous leur influence les divers symptômes énumérés plus haut s'amendent ou disparaissent. Tous les ans nous voyons arriver à la station une assez nombreuse colonie de ces amis de la bonne chère et des longs repas, que l'on reconnaît facilement à leur abdomen proéminant, à leur visage épanoui et enluminé. Cette catégorie de buveurs ne fréquente guère le cabinet du médecin, mais si nous en croyons de nombreuses confidences, il faut que, sous l'influence des eaux, leurs digestions se régularisent bien vite, car leur appétit devient quelquefois formidable et, quoiqu'ils aient le tort de le satisfaire dans une trop large mesure, ils repartent après dix ou douze jours de cure, très satisfaits de leur séjour, leur estomac restauré et prêt pour de nouveaux assauts gastronomiques.

Voici, à l'appui de ce qui précède, une observation que je crois devoir reproduire, car elle est assez typique.

OBSERVATION I. — M. X..., négociant, vingt-huit ans, habite une de nos grandes villes du Midi. Tempérament lymphatique, système adipeux précocement développé, gros mangeur de viande, habitudes sédentaires, vient me consulter le 9 juillet 1879. Il se plaint depuis trois mois, de pesanteurs d'estomac après le repas, avec ballonnement, douleur épigastrique s'irradiant vers le côté gauche et entre les épaules. Lorsque son repas a été plus copieux que d'habitude, il ressent trois ou quatre heures après des coliques intestinales avec émission de gaz fétides et finalement il a deux ou trois selles diarrhéiques où il a remarqué des aliments non digérés, pas de constipation, assez souvent douleurs sourdes à la région rénale gauche; a eu un an auparavant, une vive colique, occupant cette région, et qui devait être une colique néphrétique. Miction quelquefois lente et difficile. Le malade se plaint d'avoir une odeur de pourri dans sa bouche après le repas. Il m'est facile de constater moi-même cette odeur, car M. X vient de déjeuner.

Diagnostic. — Dyspepsie putride et cardialgique produite par une alimentation trop azotée. Diathèse urique probablement produite par la même cause et le défaut d'exercice.

Prescription : manger moins de viande et plus de legumes, exercice quotidien dans les montagnes. Le matin, boire progressivement de quatre à huit verres d'eau minérale (source Bacque), dans l'après-midi un grand bain minéral à 33°, de trois quarts d'heure de durée, suivi de deux verres de la même source. S'abstenir d'alcooliques qui, s'ils sont quelquefois utiles dans la forme simplement putride, pourraient exaspérer les douleurs cardialgiques.

20 juillet. — Les bains n'ont pas été pris tous les jours, à cause de la rigueur anormale de la température, les eaux ont produit un effet légèrement purgatif (trois ou quatre selles tous les matins). Diurèse marquée, expulsion de sable rouge à trois ou quatre reprises et disparition de la douleur rénale gauche.

M. X... a toutes les peines du monde à se modérer quand il est à table, car son appétit déjà excellent, est beaucoup plus impérieux encore. Les digestions se sont graduellement régularisées, et aujourd'hui, il ne ressent plus ni pesanteur ni ballonnements, ni douleur épigastrique. Le ventre, assez proéminent, a diminué de volume, et ce malade pour qui toute promenade était une corvée, fait avec plaisir et sans fatigue de longues excursions dans les montagnes. Je constate moi-même que l'haleine a presque entièrement perdu sa mauvaise odeur. Départ le 24 juillet.

Si les eaux d'Aulus ont eu une large part dans cette cure, on ne saurait cependant leur en attribuer tout l'honneur. Il faut bien faire entrer en ligne de compte, le changement de régime et l'exercice quotidien au milieu d'un air vif, pur et fortement ozonisé. Dujardin Beaumetz fait remarquer avec raison qu'un sang peu oxygéné entraînera une diminution dans la quantité d'acide chlorhydrique du suc gastrique, et sera par conséquent une des causes les plus actives de la dyspepsie putride (1).

Tout en tenant compte de ces précieux adjuvants, l'eau d'Aulus nous paraît avoir joué un rôle prépondérant qu'explique son action sur les glandes sécrétoires. Si, comme tout porte à le croire, elle augmente la sécrétion des glandes intestinales, il est permis de penser qu'elle active également celle des glandes peptogènes de l'estomac et que, sous cette influence, il se produit une plus grande quantité de suc gastrique. Cette explication toute théorique d'ailleurs, donnerait la raison des bons effets des eaux d'Aulus dans une variété de dyspepsie qui paraît surtout justiciable des eaux chargées d'acide carbonique, tandis que les nôtres ne contiennent qu'un très léger excès de cet acide.

Dyspepsie acide et pituiteuse. — Nous dirons peu de choses de la dyspepsie acide. Le petit nombre de cas dans lesquels il nous a été donné d'observer cette variété, nous porte à croire que les bicarbonatées sodiques conviennent mieux que les eaux d'Aulus à cette forme. Nous ferons cependant une exception pour la dyspepsie ascescente des goutteux qui est rapidement améliorée par l'usage interne de nos eaux. Ici, l'eau d'Aulus nous paraît agir par voie indirecte et secondaire. Comme nous le verrons plus loin, elle a contre la diathèse urique, une action générale, qui consiste dans l'élimination par la voie rénale, non

(1) *Loco citato.*

seulement du sable ou des graviers uriques, mais encore de l'excès de cet acide dans le sang. Il n'est pas illogique de penser que cette modification dans l'état du sang entraîne une modification analogue dans la composition du suc gastrique. Quant à la forme pituiteuse, la théorie et l'expérience nous prouvent qu'elle doit rentrer dans le cadre des applications de nos eaux. Que la pituite soit matinale (pituite des ivrognes), ou qu'elle apparaisse entre les repas, sous forme de vomissements d'eaux amères, les eaux d'Aulus entraînent une modification très rapide de cet état morbide. Nous citerons à l'appui l'observation suivante.

OBSERVATION II. — M. P., vingt-six ans, officier de cavalerie, tempérament sanguin, forte constitution, a le visage haut en couleur, de la tendance à l'obésité et aux hémorrhoïdes. Sous l'influence de l'usage quotidien de boissons alcooliques, il éprouve tous les matins, au lever, des crampes d'estomac avec vomissements de glaires muqueuses, filantes, quelquefois colorées en jaune. Cet état s'est récemment compliqué d'anorexie et de vomissements alimentaires après-le repas. M. P. vient me consulter le 4 juillet 1879. J'ordonne la source Bacque à la dose progressive de quatre à huit verres, un bain minéral tous les deux jours, l'abstinence de toute boisson alcoolique. Sous l'influence de ce traitement, le malade est abondamment purgé (cinq à six selles tous les matins); dès le second jour, l'appétit renaît, les vomissements après le repas disparaissent dès le quatrième, cessation de la pituite matinale. Au sixième jour, apparition d'un écoulement hémorrhoïdal qui fait cesser les vertiges et atténue la coloration un peu vultueuse du visage. L'appétit est impérieux, les digestions parfaites. L'embonpoint a diminué, M. P. se sent plus léger, plus fort et court toute la journée dans les montagnes. Il part le 20 juillet dans un état de santé parfaite.

Nous pourrions citer un assez grand nombre d'observations semblables, où le succès a été tout aussi prompt, tout aussi décisif. Mais, outre que nous risquerions de fatiguer le lecteur par des répétitions inutiles, nous dépasserions les limites assignées à ce chapitre.

Les eaux chargées d'acide carbonique sont contre-indiquées dans le traitement de la dyspepsie pituiteuse; les
eaux d'Aulus lui conviennent au contraire merveilleusement, 1° parce qu'elles sont très peu gazeuses ; 2° parce
qu'elles contiennent des sels de chaux; 3° parce qu'elles
exercent sur le tube intestinal une dérivation salutaire à
l'aide de laquelle les glaires filantes et muqueuses sont
entraînées au dehors.

Dyspepsie atonique et flatulente. — De même que
nous avons réuni dans le même alinéa les deux variétés
acide et pituiteuse dont la dernière n'est que la conséquence de la première, de même nous ne séparerons pas
les deux formes atonique et flatulente. Car l'une et l'autre
constituent les symptômes communs de la parésie de la
tunique musculaire de l'estomac et de l'intestin. Sous
l'influence de cette atonie, les contractions péristaltiques
de l'estomac ne sont pas assez énergiques pour brasser les
aliments, les bien imbiber de suc gastrique et finalement les expulser dans le duodenum. Dans ce cas, les gaz
qui se développent dans l'organe pendant le travail de la
digestion distendent la poche stomacale outre mesure,
surtout si le malade a absorbé une grande quantité de
boisson. Les symptômes sont : lourdeur, pesanteur après
le repas, congestion à la tête, tendance au sommeil, inaptitude aux travaux intellectuels, émission de gaz par le
haut qui soulage les malades.

La parésie de la tunique musculaire de l'intestin accompagne fréquemment celle de la tunique musculaire de l'estomac. D'autres fois elle existe seule, l'estomac fonction-
nant bien. Dans ce dernier cas on observe, quelques
heures après le repas, de la tension de l'abdomen, des
borborygmes, des flatuosités, accompagnées quelquefois
de coliques plus ou moins vives, et suivies d'émissions de

gaz par le bas, une constipation rebelle alternant de temps à autre avec une débâcle diarrhéique, de l'agitation nerveuse, de l'insomnie, de l'affaiblissement, etc., etc.

La dyspepsie flatulente atonique est la compagne presque inséparable des diverses névropathies (hystérie, hypocondrie), elle est fréquente dans la chlorose, l'anémie : elle est enfin un des symptômes les plus habituels des diathèses arthritique et herpétique.

Ici, il faut relever le ton de l'innervation abaissée, et activer les sécrétions intestinales. On remplit cette double indication par l'emploi des amers, des tétanisants, un régime sec, azoté, les purgatifs à petite dose, l'hydrothérapie, l'exercice après le repas. Mais le meilleur mode de traitement de cette affection nous paraît consister dans l'emploi, sur les lieux, des différentes eaux minérales appropriées, prises à l'intérieur ou sous formes de bains, de douches, comme à Plombières, Ussat, etc. Celles qui sont le mieux indiquées sont les eaux minérales purgatives et peu chargées d'acide carbonique. Les eaux d'Aulus réalisent ces deux conditions, aussi sont-elles merveilleusement appropriées, à la curation de cet état morbide. Par la petite quantité de fer qu'elles contiennent, elles sont toniques et reconstituantes : de plus, elles activent la sécrétion du suc intestinal. Elles sont donc indiquées, soit que le trouble fonctionnel soit dû à une paresse de la tunique musculaire, soit à une diminution de sécrétion du suc pancréatique ou intestinal. Détruire la constipation dans cette forme dyspeptique, c'est le plus souvent régulariser les digestions et guérir l'affection.

Les observations suivantes viendront corroborer les affirmations qui précèdent.

OBSERVATION III. — *Dyspepsie flatulente atonique.* — Mme P...,

Ariège, âgée de soixante ans, tempérament nerveux, constitution un peu affaiblie, souffre depuis plus de quinze ans de troubles digestifs caractérisés par de l'inappétence, de la pesanteur et du ballonnement à la région stomacale, immédiatement après le repas. Ces symptômes durent environ une heure et cessent à la suite de nombreux renvois de gaz le plus souvent inodores, quelquefois aigres ou nidoreux. Mais, deux heures après, l'abdomen se ballonne à son tour, les gaz, en se déplaçant, produisent un bruit de gargouillement très incommode, et même des douleurs entéralgiques parfois assez vives. Cet état s'accompagne de bâillements prolongés, d'un affaiblissement considérable, après quoi tout rentre dans l'ordre, à la suite de l'expulsion, par l'anus, d'un grand nombre de gaz inodores. Mme P... a remarqué que les crises sont plus vives et plus prolongées quand elle a fait usage de féculents ou de matières grasses. Le même phénomène se produit si elle boit beaucoup aux repas, et surtout dans l'intervalle. La constipation est habituelle et ne cède un peu qu'à la saison des fruits. Depuis quatre ans cette dame est, tous les ans, au commencement de l'été, affectée d'un érysipèle de la face, à la suite duquel il y a une rémission des symptômes dyspeptiques pendant quelques jours. Interrogé sur ses antécédents, elle déclare n'avoir jamais eu ni accès de goutte, ni rhumatismes, ni dartres, ni maladie aiguë de l'estomac ou des intestins. A la palpation, nous trouvons la région stomacale souple et indolente, sauf la région xiphoïdienne très douloureuse à la pression. L'abdomen est également souple, excepté dans la région ileo-cœcale, distendue par des gaz, langue blanche, un peu saburrale à la base. Le 15 juillet 1878, la malade est soumise à l'usage quotidien de l'eau de la source Bacque, à la dose progressive de deux à cinq verres le matin, le soir à deux verres de la même source, après un bain minéral à 34o de vingt-cinq minutes de durée, régime azoté, exercice après le repas. A la suite de ce traitement, l'appétit revient peu à peu, bientôt les digestions sont moins lentes et moins lourdes, l'insomnie, qui persistait quelquefois des nuits entières, fait place à un sommeil réparateur. L'action physiologique de l'eau minérale s'est traduite, en premier lieu, par une diurèse très abondante ; plus tard, au bout de quatre à cinq jours, par un effet laxatif consistant en deux selles molles tous les matins. En présence de l'amélioration de tous les symptômes, nous n'avons pas jugé utile d'augmenter la dose de l'eau minérale, et Mme P... n'a jamais dépassé cinq verres le matin. Au départ, le 6 août, elle n'accuse aucun trouble digestif, sauf un léger ballonnement stomacal, qui suit immédiatement le repas, et qui dure à peine une demi-heure. Les flatuosités sont infiniment moins fréquentes et n'occasionnent plus de douleur. L'appétit est bon, le teint meilleur et les forces augmentées.

Malheureusement je n'ai plus eu de nouvelles de cette intéressante malade, et ne puis dire si cette guérison s'est maintenue.

OBSERVATION IV. — *Dyspepsie flatulente atonique, constipation, hypocondrie.* — M. L..., négociant à Rouen, âgé de quarante-six ans, tempérament bilioso-nerveux, maigre et de haute stature, a toujours mené une vie fort régulière et n'a jamais fait d'excès alcooliques, n'a pas eu de maladies graves et n'offre aucun symptôme de dartre ou d'arthritisme. Il souffre, depuis quinze ans et par intervalles, d'un embarras douloureux à la région hépatique. Cette douleur descend dans la fosse iliaque droite, en suivant le trajet du colon ascendant qui est sensible à la pression et normalement distendu par des gaz, surtout trois ou quatre heures après le repas (variété ileo-cœcale). ·

Le foie dépasse à peine le rebord inférieur des fausses côtes. Actuellement pas de douleur à la pression, pas d'ictère, [pas la moindre bosselure sur le bord inférieur ou antérieur. Cependant, le malade affirme avoir eu plusieurs congestions du foie, et se croit atteint d'une affection cancéreuse de cet organe. Constipation rebelle ayant coïncidé avec le début des accidents. Il y a eu antrefois des gonflements hémorrhoïdaux sans écoulement de sang. Appétit capricieux, généralement peu prononcé : digestion lente, quelquefois douloureuse, s'accompagnant d'un état congestif du cerveau qui s'oppose à tout travail intellectuel. Atonie générale de tout le tube digestif, avec flatulence, surtout pendant la phase de la digestion intestinale. M. L... a fait pendant deux ans de l'hydrothérapie, ce qui a amélioré son état durant un certain temps. Mais l'amélioration n'ayant pas persisté, il a employé pour guérir la constipation une foule de remèdes qui n'ont pas eu de succès. Profondément découragé, en proie à des idées tristes, il se laisse aller à une mélancolie noire qui lui fait exagérer ses souffrances et les rattacher à un vice organique incurable. Constamment préoccupé de son état, il mange seul, fuit la société des baigneurs, et commence son traitement le 14 juin 1878, persuadé qu'il n'en tirera aucun bon effet.

Diagnostic : Stase veineuse abdominale qui a amené de la constipation, une dyspepsie flatulente atonique, et par intervalles un peu d'embarras de la circulation du foie : hypocondrie symptomatique de ces divers états morbides.

Prescription. — Trois verres source Bacque le matin, deux le soir; augmenter tous les matins d'un verre jusqu'à six verres; bain minéral de quarante-cinq minutes, suivi d'une douche tempérée en jet brisé. Exercice dans les montagnes.

Dès le deuxième jour, M. L... ressent du soulagement : deux ou trois évacuations alvines tous les jours, appétit meilleur, moins d'éructations, sommeil passable.

23 juin. — L'améliorotion s'accentue. Les eaux amènent trois ou quatre selles par jour, l'hypocondre droit est plus libre, moins tendu; les vaissaux hémorrhoïdaux sont congestionnés, élancements à la région anale.

29 juin. — Il y a eu un léger écoulement hémorrhoïdal qu'il aurait été facile de rendre plus abondant si le malade pusillanime à l'excès n'avait pas craint d'absorber de trop fortes quantités d'eau minérale. L'appétit est vif, les digestions parfaites, le sommeil bon. Les varicosités du visage s'affaissent et le teint s'éclaircit. Les idées noires ont fait place à des idées plus riantes. M. L... commence à croire à la possibilité d'une guérison, et part le lendemain, me promettant de revenir l'an prochain.

Cette remarquable amélioration aura-t-elle persisté ? Je l'ignore. Le malade ne m'ayant plus donné signe de vie.

Pour être complet, disons quelques mots de la dyspepsie gastralgique et entéralgique.

Tous les praticiens savent comme nous que cette forme s'observe rarement à l'état de simplicité et que le plus souvent les deux éléments spasme et douleur peuvent s'ajouter à toutes les variétés dont nous avons parlé, de préférence, cependant à la dyspepsie acide et à la dyspepsie flatulente. Nous pourrions en dire autant de toutes les variétés de dypepsie. Elles sont loin d'offrir dans la pratique les caractères tranchés qu'on leur donne dans les livres classiques. Elles s'allient volontiers ou se remplacent sur le même sujet qui peut ainsi éprouver aux différentes époques de sa vie des treubles digestifs très dissemblables. Il est quelquefois fort difficile de rattacher ces phénomènes morbides variés souvent transitoires, à une forme classique

définie, et l'on se voit obligé de les caractériser par l'élément prédominant du moment (douleur, acidité, flatulence,
atonie). Pour notre compte, nous n'avons pas trouvé dans
notre pratique hydro-minérale de dyspepsie gastralgique
et entéralgique à l'état d'unité morbide. Mais nous pouvons affirmer que les eaux d'Aulus ont une action réelle
contre le symptôme douleur. Nous nous souvenons d'un
syphilitique qui, outre les lésions spécifiques avait de vives
douleurs d'entrailles correspondant à la phase de la digestion intestinale, douleurs qui duraient depuis six mois, et
qui les vit disparaître vers la fin de sa cure.

Nous n'avons pas oublié non plus le cas d'une dame qui,
affectée d'une dyspepsie flatulente atonique, ressentait
après le repas des douleurs très vives à l'estomac et dans le
dos, douleurs qui ne cessaient qu'après de nombreuses
éructations et le vomissement des aliments. Après l'usage
des eaux d'Aulus tous ces phénomènes avaient disparu.
Seulement dans ces cas, les eaux doivent être administrées
avec une grande prudence, à très petites doses qu'on élève
graduellement et suivant les effets obtenus. La douleur
est souvent le symptôme prédominant de la dyspepsie par
irritation, d'une phlogose mal éteinte de l'estomac ou de
l'intestin, et dans ces conditions pathologiques nos eaux
nous paraissent contre-indiquées. Nous avons eu l'occasion
d'observer trois ou quatre cas de ce genre. Il y a toujours
eu aggravation des symptômes, et impossibilité de continuer le traitement.

Dyspepsies symptomatiques. — En abordant le terrain
des dyspepsies symptomatiques, nous entrons dans un
champ autrement vaste que celui des dyspepsies dites essentielles. Ces dernières n'ont habituellement qu'une durée
temporaire et subordonnée à la cause qui leur a donné
naissance. Il suffit pour les vaincre de changer le mode

d'alimentation, de supprimer la contention d'esprit après
le repas, les veilles prolongées, les habitudes sédentaires,
de défendre l'usage abusif du tabac à fumer ou des boissons alcooliques, suivant l'influence étiologique que l'on a
à combattre. *Ablata causa tollitur effectus*. Autrement
rebelles, sont les troubles digestifs symptomatiques d'une
maladie chronique et surtout les états dyspeptiques liés à
une diathèse ou affection constitutionnelle, l'arthritis ou
l'herpétis, par exemple. Ici on a beau employer toutes les
ressources de l'hygiène, faire appel à tout l'arsenal thérapeutique, on améliore souvent, mais on ne guérit pas.
Quelquefois on croit avoir triomphé, lorsqu'on n'a fait que
déplacer l'affection. Ainsi tous les praticiens ont pu remarquer que la dyspepsie acescente des goutteux disparaît
quand un accès de goutte se produit, que chez les rhumatisants, les troubles digestifs (atonie, flatulence) alternent
avec l'expression habituelle de la diathèse (rhumatisme
musculaire, névralgie), que la gastralgie des herpétiques
cesse aussitôt qu'apparaît la manifestation cutanée habituelle. Certaines eaux minérales ayant le privilège de
favoriser ce déplacement, de porter du centre à la péri-
phérie les divers processus morbides diathésiques, la
médecine thermale a utilisé cette propriété, qui a le double
avantage de servir de pierre de touche dans les cas obscurs,
et dans les autres, de régulariser la marche de la diathèse
en ramenant à leur type normal ses expressions symptô-
matiques.

Les eaux d'Aulus peuvent, d'après notre observation,
rentrer dans ce cadre et pour corroborer cette opinion,
l'on nous permettra de citer quelques observations.

En voici une où le diagnostic a été éclairé par les effets
du traitement.

OBSERVATION V. — *Arthritisme, dyspepsie flatulente et eczéma symptomatique.* — M. R..., trente ans, négociant, habite les colonies depuis onze ans. De retour dans l'Ariège, son pays natal, il vient faire une cure à Aulus pour un eczéma compliqué de prurigo, qui a paru pour la première fois, l'an dernier, au mois de juin et qui s'est renouvelé il y a environ trois semaines.

Ce malade, brun, de taille moyenne et de bonne constitution, offre les attributs du tempérament bilieux exagéré par un long séjour dans les pays chauds ; n'a pas eu de maladie grave, sauf la fièvre jaune, il y a deux ans, mais est très sujet à la migraine, à la constipation, et éprouve souvent des troubles digestifs caractérisés par de la pesanteur à l'estomac après le repas, avec tension, ballonnement et éructation ou émission par le bas de gaz inodores. Sécheresse habituelle de la peau. M. R... ne peut me donner aucun renseignement sur ses ascendants.

État actuel. — 27 juillet 1879. A la partie externe des coudes et des avant-bras, on voit de petites croûtes flavescentes arrondies (eczéma *nummulaire*) et qui ne sont autre chose que le produit de sécrétion d'un grand nombre de petites vésicules réunies en groupe. Tout autour de ces plaques croûteuses on voit éparses çà et là des papules déchirées par les ongles et surmontées de petites croûtes noirâtres formées de sang épanché (prurigo). Il en existe également à la partie externe et antérieure des cuisses. Le malade a de violentes démangeaisons, surtout la nuit. Il a tous les hivers des croûtes et des crevasses à la face dorsale des mains, principalement aux régions inter-digitales. Si on enlève une de ces croûtes d'eczéma, on trouve au-dessous la peau rosée mais à peine suintante, pas la moindre injection périphérique.

Cette affection est-elle d'origine arthritique ou herpétique ? Si la symétrie des parties affectées, les vives démangeaisons, la forme de dyspepsie, le pityriasis capitis, les migraines antérieures et la sécheresse habituelle de la peau font pencher pour la dernière hypothèse, d'un autre côté la forme nummulaire des croûtes, leur peu de tendance à suinter et à s'accroître, leur siège sur les parties externes des coudes et des avant-bras constituent tout autant de signes qui accusent l'origine arthritique de l'affection.

Prescription. — Source Bacque, quatre à huit verres d'eau le matin, et progressivement, le soir à quatre heures, grand bain minéral à 34°, vingt-cinq minutes de durée, précédé et suivi d'un verre de la même source.

29 juillet. — Au sortir de son second bain, M. R... a ressenti une douleur assez vive au genou gauche, ce qui lui rappelle que,

l'hiver dernier, il a eu une douleur semblable fixée au même point. Les troubles digestifs, moins intenses d'ailleurs, depuis l'apparition de l'eczéma, ont entièrement disparu. L'appétit est très vif, les digestions faciles. L'effet physiologique de l'eau s'est traduit par une diurèse plus abondante, et trois ou quatre selles verdâtres tous les matins.

Prescription. — Continuer les bains, si la douleur ne devient pas trop forte, dix à douze verres d'eau de la même source.

12 août. — Il n'y a plus de croûtes, la peau, au niveau de l'eczéma a presque repris sa coloration normale. On voit encore quelques papules de prurigo isolées qui donnent lieu à de la démangeaison mais dans des proportions bien atténuées. La douleur du genou s'est maintenue pendant huit jours, mais n'a empêché ni la marche, ni le sommeil, aujourd'hui elle n'est plus qu'à l'état de souvenir. L'effet purgatif de l'eau minérale s'est maintenu pendant toute la cure.

M. R..., quitte Aulus le lendemain, débarrassé momentanément du moins, de sa constipation, de sa dyspepsie et de son eczéma; revenu aux colonies, il ne m'a donné depuis aucune nouvelle.

OBSERVATION VI. — *Goutte chronique, dyspepsie acide et flatulente,* — M. O..., Toulouse, cinquante ans, tempérament sanguin, constitution délabrée, est goutteux depuis quinze ans; au début, les accès étaient francs et suffisamment espacés, laissant dans l'intervalle un état de santé parfaite. Mais le malade ne voulant pas réformer un régime vicieux et abandonner des habitudes alcooliques déjà anciennes, a vu peu à peu ses accès de goutte se rapprocher, devenir plus longs et moins aigus tout à la fois. En même temps ses fonctions digestives se sont dérangées. La goutte est devenue mobile, irrégulière, se portant tantôt sur l'estomac et occasionnant des douleurs cardialgiques insupportables, tantôt sur le poumon et donnant lieu à de l'oppression, à des étouffements avec douleur sternale; aujourd'hui les troubles dyspeptiques sont plus accentués que jamais. Appétit nul ou bizarre, ballonnement, pesanteur à la région stomacale après le repas. Pyrosis, renvoi par le haut de gaz nidoreux, flatulence intestinale, constipation; les douleurs aux pieds, aux genoux, aux mains sont presque constantes et s'exaspèrent par la marche, par le moindre changement de température. C'est dans ces mauvaises conditions que M. O... vient à Aulus vers le 15 juillet, avec l'intention d'y rester jusqu'à la fin de la saison.

Il venait de commencer sa cure, lorsque le 17 juillet je fus mandé en toute hâte près de lui, au milieu de la nuit. Il était en proie à une douleur atroce qui, partant du creux épigastrique, remontait le long du sternum, et lui permettait à peine de prononcer quelques paroles. Sa fille m'assura que parmi les nombreux remèdes employés, un seul, le laudanum, parvenait à calmer la douleur. Confiant dans cette assertion, et malgré ma répugnance à employer les opiacés, je fis immédiatement au niveau de l'appendice xiphoïde, une injection sous-cutanée contenant 1 centigr. de morphine. Trois ou quatre minutes après, le malade qui était accoudé sur son lit, retomba sur l'oreiller en criant : *Je suis mort*. Effrayé, je m'approche aussitôt, le pouls et le cœur avaient cessé de battre. La syncope était complète. De l'eau froide projetée sur le visage suffit pour ranimer le malade qui fut en effet soulagé et passa tranquillement le reste de la nuit. Mais, je me promis bien de ne plus faire d'injections de morphine dans les manifestations irrégulières de la goutte ; car, si, à la suite de ces injections, la syncope se produit quelquefois dans d'autres cas pathologiques, je ne l'avais jamais vu aussi complète, aussi foudroyante, et sachant que les opiacés, en général, ne conviennent pas à la goutte, je craindrais que, dans ce cas spécial, les injecsions morphinées ne pussent déterminer une syncope mortelle. Mais revenons à notre sujet.

Le lendemain, M. O... fut soumis à l'usage quotidien de la source Bacque, mais à très petite dose, un à trois verres, progressivement ; défense absolue de prendre des bains, supprimer l'alcool, régime doux, léger, composé de viandes blanches et de légumes frais de la saison.

L'eau fut très bien tolérée, l'appétit revint, les digestions devinrent moins douloureuses ; mais, dix jours après le début de la cure, survint un accès de goutte qui retint le malade au lit pendant huit jours. Cet accès eut ceci de particulier, c'est qu'il fut plus aigu et plus douloureux que les précédents. (Rougeur plus vive, chaleur plus grande des téguments au niveau des jointures affectées. Urines plus rouges et plus sédimenteuses vers le déclin de l'accès.)

A partir de ce moment nous n'avons plus à enregistrer d'incident notable. Le malade boit trois ou quatre verres d'eau, tous les matins, pendant huit jours, puis se repose cinq à six jours pour recommencer encore, et cela jusque vers le 15 septembre, jour de son départ. A cette date nous constatons une amélioration considérable de tous les symptômes. L'état général est meilleur, l'œil plus vif, la démarche plus assurée. Les douleurs erratiques sont bien amoindries, les fonctions digestives s'exécutent bien.

Le sommeil est suffisant. Les eaux n'ont pas produit d'effets purgatif, mais elles ont vaincu la constipation et régularisé les selles.
Leur action s'est surtout fait sentir sur l'appareil rénal, et sous
leur influence, les urines, qui étaient presque toujours troubles,
sont devenues claires et limpides.

Voici ce que m'a écrit son gendre à la date du 10 janvier dernier : « Mon beau-père, depuis son arrivée à Toulouse, n'a eu
qu'une crise de goutte, *avec accès très violent*, mais *d'une durée
moindre* que les années précédentes ; je dois pourtant vous dire
qu'il n'a pas exécuté en tous points votre traitement pendant la
période de bonne santé. Son appétit est bon et il supporte avec
facilité le repas du soir qui le fatiguait tant autrefois. »

Nous n'insisterons pas davantage sur les dyspepsies arthritiques,
nous y reviendrons d'ailleurs à l'article *Goutte et rhumatisme.*

Dyspepsie herpétique. — On sait que le principal
caractère de cette dyspepsie est la douleur, douleur lancinante ou térébrante, venant par accès, en dehors des repas
et constituant alors une véritable gastralgie, ou occasionnée
par l'ingestion des aliments (Dyspepsie gastralgique),
d'assez nombreuses observations nous permettent d'affirmer que les eaux d'Aulus ont une action réellement efficace contre ces symptômes douloureux de la Dartre.

Nous citerons comme type, la suivante.

OBSERVATION VII. — *Psoriasis généralisé, herpétique; dyspepsie,
gastralgique symptomatique.* — M. H... quarante-huit ans, maigre,
sec, tempérament nerveux, assez bonne constitution, est atteint
depuis dix-sept ans, d'un psoriasis qui s'est rapidement généralisé
et a résisté à tous les moyens mis en usage pour le combattre
(psoriasis inveterata) ; les alcalins, le soufre, l'arsenic, les modifi-
cateurs externes (huile de cade, pommades diverses), les eaux minérales sulfureuses et arsenicales, tout a été inutile. La Bourboule n'est
pas même parvenue à blanchir temporairement cette désespérante
affection. De guerre lasse, ce malade est venu à Aulus, le 1er juillet 1878, non pour obtenir une guérison qu'il sait impossible,
mais dans l'espoir de modérer les progrès toujours croissants de
son affection et surtout de faire disparaître des troubles digestifs
alternants avec de fréquentes migraines. Ces troubles sont caractérisés par un appétit nul ou bizarre, par des douleurs gastriques
ou intestinales correspondant aux diverses phases de la digestion,

d'autres fois par des borborygmes, des flatuosités douloureuses qui amènent de l'insomnie et une exaltation maladive de tout le système nerveux.

Soumis à l'usage de la source Darmagnac, à dose croissante de quatre à dix verres le matin, et de un à deux le soir, ce malade ne remarque d'abord aucun changement du côté de la lésion cutanée, mais peu à peu l'appétit revient, les aliments passent mieux, les douleurs diminuent ainsi que l'excitation névrosique. Le sommeil est meilleur. Vers le dixième jour, nous ordonnons des bains minéraux journaliers à 35° de trois quarts-d'heure de durée, suivis d'une douche tempérée en jet brisé (trois à quatre minutes de durée).

Nous espérons ainsi, en activant la circulation périphérique, modifier les surfaces malades et faire tomber plus vite les squames très épaisses en certains endroits. Notre espoir n'est pas déçu. Au bout de cinq à six jours, il s'opère une desquamation très abondante, qui le matin couvre entièrement les draps de lit. Les placards recouverts auparavant d'écailles nacrées, offrent maintenant une coloration d'un rouge sombre et forment un léger relief sur la peau saine environnante. Quelques-uns, sur le dos et à la partie antérieure de la poitrine, offrent la largeur des deux mains. Au toucher ils sont rudes et comme chagrinés. La rougeur est également plus vive et la desquamation plus abondante à la nuque, sur les régions temporales et à la partie supé-rieure du front où la dartre fait comme une couronne à un centimètre des cheveux.

25 juillet. — Le traitement interne et externe est très bien supporté, les douleurs gastralgiques ont disparu, l'appétit est très vif, le sommeil excellent. L'eau minérale provoque deux ou trois elles molles tous les jours et une abondante diurèse. Les placards psoriasiques sont d'un rouge moins foncé, moins rudes au toucher, leur relief n'est plus aussi accentué et l'on sent que la peau tend à recouvrersa souplesse et son élasticité. Au front, aux tempes, à la nuque, l'améliortion est encore plus manifeste. La desquamation a diminué de moité.

Comme M. H... voudrait avant tout voir guérir les parties accessibles à la vue, je lui ordonne trois ou quatre frictions sur la tête, le cou et le visage, avec de l'huile de cade, mélangée par parties égales avec de l'huile d amandes douces. Quatre jours après, les parties ci-dessus étaient absolument guéries. La peau de ces régions avait repris sa couleur et sa souplesse normales et le 1er juillet ce malade me quittait plein de santé, croyant à la possibilité d'une guérison.

Inutile d'ajouter que son médecin ne partageait nullement cette
Illusion. Cependant cette pseudo-guérison a persisté plus longtemps que nous ne le pensions. Pendant l'automne et l'hiver qui
ont suivi sa cure, M. H..., grâce à un régime approprié, à l'usage
intermittent de l'huile de cade et des bains alcalins, grâce aussi,
je crois à l'eau d'Aulus prise à domicile, n'a presque pas offert
de manifestation psoriasique.

Ce n'est qu'au printemps qu'une poussée générale s'est produite, mais moins forte que les précédentes. Détail trèsimportant.
Les fonctions digestives ont été bien moins troublées que les
années antérieures. Il est infiniment regrettable que de graves
préoccupations aient empêché M. H... de revenir à Aulus en 1879.

Nous pourrions aussi citer le cas d'un ancien magistrat qui, affecté
de la même maladie depuis une vingtaine d'années, a essayé en
vain toutes sortes de médications, a suivi sans résultats toutes les
stations thermales indiquées par la science, et qui vient à Aulus
depuis trois ans, parce que là seulement il a pu trouver un soulagement à ses migraines et à ses douleurs gastralgiques. Depuis
qu'il fréquente notre station, l'état général s'est amélioré. Il
mange et digère mieux; quant à son affection cutanée, elle reste
stationnaire, c'est tout ce qu'on peut demander dans une maladie
aussi rebelle à tous les efforts de la thérapeutique.

De ce qui précède il ressort clairement que les troubles
dyspeptiques dus à l'herpétis trouvent à Aulus une médication aussi efficace qu'inoffensive. Lorsque nous traite-
rons de cette affection constitutionnelle nous aurons soin
de préciser les indicationc et les contre-indications de nos
eaux dans ses nombreuses manifestations diathésiques.

Nous aurions encore à parler des dyspepsies symptomatiques de l'anémie, de la chlorose, des diverses maladies du foie ou de l'appareil uro-génital. Mais pour ne pas
allonger inutilement ce travail, nous renvoyons le lecteur
au chapitre consacré à chacune de ces affections chro-.
niques.

Constipation. — La constipation constitue plutôt un
symptôme qu'une entité morbide, et ce n'est que par un

abus de l'analyse assez familier à l'école actuelle qu'on a pu en faire une espèce nosologique distincte. Il n'en est pas moins très important de faire disparaître cet élément morbide qui, d'effet, devient cause à son tour, et constitue un obstacle des plus sérieux à la curation des affections qu'il complique. Aucun praticien n'ignore l'intérêt qu'il y a à régulariser les selles dans les différentes formes de dyspepsies, dans les maladies du foie, de la vessie, de l'utérus, dans les névroses en général et l'hystérie en particulier.

Étant donnée leur action laxative, les eaux d'Aulus conviennent admirablement au traitement de la constipation habituelle. Les purgatifs, les amers, les tétanisants n'ayant trop souvent qu'une action passagère, on trouvera dans l'usage de nos eaux un moyen agréable et sans inconvénient. Comme on l'a remarqué dans les observations précédentes, quatre à six verres d'eau de la source Bacque suffisent pour amener une légère purgation, ou tout au moins pour régulariser les garde-robes. A peine trouve-t-on un baigneur sur dix qui soit réfractaire. Il nous paraît donc tout à fait inutile de citer des observations. Mais, ce que nous tenons à mettre en lumière, c'est que leur action laxative ne se borne pas au temps pendant lequel les malades boivent lés eaux. La plupart de ceux dont j'ai dirigé la cure n'ont vu reparaître la constipation que longtemps après leur traitement, et dans de plus faibles proportions. Plusieurs clients m'ont écrit vers le 1er janvier que, depuis leur cure, la constipation se faisait à peine sentir de loin en loin. Chez d'autres, l'effet laxatif s'est maintenu trois ou quatre mois. Les mêmes eaux prises à domicile n'ont pas évidemment un effet aussi régulier, aussi constant. Cependant bon nombre de malades constipés s'en trouvent bien. Aussi croyons-nous devoir

les recommander aux personnes que leurs affaires ou tout
autre motif empêchent de venir à Aulus.

Hémorrhoïdes. — La station d'Aulus est aujourd'hui
classique dans le traitement de l'affection hémorrhoïdale.
Lorsqu'il s'agit de favoriser ou de rappeler le flux hémorrhoïdal, nos sources, surtout la source Bacque, nous
rendent annuellement les plus grands services. En excitant la circulation abdominale, en congestionnant la muqueuse rectale, elles produisent dans les veines hémor-
rhoïdales un molimen qui provoque, au bout de quelques
jours, un flux sanguin chez les personnes prédisposées,
comme chez celles qui avaient vu disparaître ce flux qui
leur était habituel.

Plusieurs buveurs nous ont déjà accusé avec étonne-
ment l'apparition d'un écoulement sanguin auquel ils
n'étaient pas sujets. D'autres nous ont parlé avec un élan
de reconnaissance bien naturel, du bien-être qu'ils ressen-
taient, lorsque, après quelques jours de traitement, appa-
raissait l'écoulement tant désiré. Je connais un monsieur
qui, atteint d'hémorrhoïdes fluentes, les vit se supprimer à
la suite de travaux de cabinet excessifs : de là des maux de
tête, des étourdissements, des vertiges, de la constipation,
un état dyspeptique très pénible. Venu à Aulus, il y a
trois ans, il vit ses hémorrhoïdes paraître au bout de cinq
jours de traitement. L'effet des eaux se maintint pendant
quatre mois, durant lesquels sa santé fut parfaite. L'année
suivante, même résultat favorable après cinq jours de
traitement. Cette fois les hémorrhoïdes revinrent à des
périodes régulières pendant huit mois. Enfin, à la suite de
la cure de 1878, le flux s'est continué toute l'année suivante, avec une santé florissante.

Voilà un exemple remarquable de l'action des eaux

d'Aulus dans l'état morbide qui nous occupe. Cette action n'est pas moins puissante dans toutes les affections symptomatiques d'une réplétion excessive du système de la veine-porte, que cette réplétion tienne à la stase, à la lenteur de la circulation du sang dans ces vaisseaux, ou que sous l'influence des modifications de tissu que peut avoir subi le foie malade, ce sang ne puisse plus traverser facilement la glande hépatique et reflue dans les vaisseaux inférieurs.

Chez les femmes, la crise hémorrhagique se porte assez fréquemment sur l'utérus, et ce fait nous donne la raison de l'influence dès longtemps reconnue des eaux d'Aulus sur l'aménorrhée, la dysménorrhée, et certains engorgements utérins assez mal définis. Cela n'a rien qui doive surprendre, car on n'ignore pas la connexité qui existe entre les veines utérines et les vaisseaux d'origine de la veine-porte. On ne doit pas non plus oublier que nos eaux contiennent une notable quantité de fer et de manganèse.

Anémie, chlorose, aménorrhée. — Le fer, a dit Mialhe, est non seulement le régénératenr, mais encore le producteur du globule sanguin. Nous croyons cette opinion beaucoup trop exclusive et nous pensons avec Trousseau que ce qui manque chez les chlorotiques ce n'est pas le fer, qu'il est toujours facile d'introduire en quantité suffisante par l'alimentation, mais la faculté de l'assimiler. Les ferrugineux n'en constituent pas moins la médication classique dans cette névrose du grand sympathique. Dans les chloroses récentes, bénignes, ils ont des effets promptement efficaces. Mais dans les formes graves, invétérées, compliquées d'un dégoût absolu des aliments, de phénomènes gastralgiques intenses, ils sont non seulement insuffisants, mais encore ils exaspèrent souvent le mal et augmentent les douleurs cardialgiques ou l'irritation de la muqueuse stomacale.

Dans ces conditions, les eaux indifférentes comme Néris, Ussat, ou faiblement minéralisées comme certaines sources d'Ax et de Bagnères-de-Bigorre, rendent les plus grands services. Par leur minéralisation spéciale, comme par leurs effets physiologiques, les eaux d'Aulus doivent rentrer dans cette dernière catégorie. Très légèrement chargées de fer et de manganèse (demi-centigr. de fer par litre), éminemment digestives, elles produisent sur l'appareil de la nutrition une excitation que l'on peut graduer à volonté, et qui se traduit bientôt par le retour ou l'augmentation de l'appétit et une assimilation plus parfaite. Elles nous paraissent donc indiquées dans les chloroses rebelles avec aménorrhée, constipation, épigastralgie et dégoût prononcé pour toute espèce d'aliments.

Ces vues ne sont pas seulement théoriques ; elles sont confirmées depuis longtemps par de très nombreuses guérisons, et si, aujourd'hui, cette classe de malades semble diminuer dans la station, il faut en accuser des circonstances étrangères à la valeur thérapeutique de ses eaux.

« Autrefois » me racontait l'honorable inspecteur, M. Bordes-Pagès, qui exerce à Aulus depuis trente ans, « autrefois, une notable portion de la clientèle était constituée par des femmes chlorotiques, surtout par des jeunes filles, chez lesquelles cette affection se compliquait d'aménorrhée. Presque toujours, sous l'influence de nos eaux, les menstrues revenaient, les troubles digestifs disparaissaient, les muqueuses et la peau se coloraient, et ces jeunes personnes quittaient la station dans un état satisfaisant. Mais ces malades, appartenant généralement à la classe peu aisée, ne reviennent plus à Aulus depuis que les bains et la buvette ont doublé de prix, depuis qu'on a construit de beaux hôtels, et que la vie animale a atteint des prix inaccessibles aux petites bourses. »

Aulus est situé dans un vallon spacieux, largement aéré, bien éclairé par la lumière solaire. L'installation hydrothérapique est actuellement incomplète, mais on nous fait espérer que, dans un délai rapproché, la station n'aura rien à envier aux établissements rivaux en fait de ressources balnéo-thérapiques.

Aulus possédera alors un ensemble de moyens hygiéniques et médicamenteux, admirablement appropriés à la cure de la chlorose et de l'anémie.

Nous avons été à même d'observer un assez grand nombre d'états chloro-anémiques liés à d'autres affections, comme symptôme ou comme complication, et presque toujours, sous l'influence des eaux, des bains, des douches froides, de l'air vif et pur des montagnes, nous avons constaté une modification favorable due à l'excitation des fonctions hématosiques et nutritives.

Nous avons également remarqué que chez les femmes soumises au traitement hydro-minéral, les menstrues devançaient souvent la période habituelle, qu'elles étaient plus abondantes et plus colorées. C'est ce qui nous explique l'utilité de nos eaux quand il s'agit de rappeler le flux cataminial ou de favoriser son apparition.

Vertige stomacal (vertigo à stomacho lœso de Trousseau.) — Le vertige intimement lié à la dyspepsie comme épiphénomène fréquent et de peu d'importance, est quelquefois tellement prédominant, tellement insupportable, qu'il s'élève à la hauteur d'un état pathologique. Nous avons pu en observer deux cas intéressants et que nous croyons devoir reproduire.

OBSERVATION VIII. — M. F..., Bordeaux, adressé par M. le professeur Denucé, vient me consulter le 6 août 1878. Ce malade, âgé de cinquante ans, de bonne constitution, de tempérament sanguin, me raconte qu'il a toujours joui d'une bonne santé jusqu'en 1876, époque à laquelle il éprouva divers troubles digestifs accompagnés de vertiges. Soumis à un traitement hydrothérapique assez prolongé, il vit disparaître ces symptômes. Mais en 1878 les vertiges revinrent plus intenses que jamais et déterminèrent à trois reprises différentes une chute accompagnée d'un état de faiblesse presque syncopale. Un traitement par le bromure de potassium, les gouttes amères de Baumé, le vin de Colombo produisit une certaine amélioration, mais qui n'eut pas de durée.

Etat actuel. — M. F... titube souvent en marchant et dévie malgré lui de la ligne droite. Quand il lève la tête pour fixer un objet élevé, une montagne par exemple, il voit les objets tourner autour de lui, et tomberait si on ne le retenait pas. Ces vertiges diminuent quand il se couche, et finissent par disparaître. Les digestions s'accompagnent de pesanteur et de ballonnement à l'estomac, la langue est sale, l'haleine fétide (dyspepsie putride). Constipation habituelle, sentiment de faiblesse et de froid constant aux membres inférieurs ; bourdonnements d'oreilles et palpitations de cœur quand le vertige se déclare ; rien au foie, rien au cœur, pas de chaleur à la tête. Le malade est cependant très effrayé, et comme un de ses frères est mort d'une affection céré-brale, il croit avoir la même maladie.

Prescription. — Quatre verres (source Bacque) le matin, de dix minutes en dix minutes, augmenter d'un verre tous les jours jusqu'à huit verres, deux verres dans l'après-midi. Grand bain minéral à 33° de vingt minutes de durée, avec application d'eau froide sur le front. Manger peu, ne pas fumer et s'abstenir absolument de toute boisson alcoolique. Exercice modéré au grand air.

12 août. — Les eaux ont été bien tolérées et ont donné lieu à trois ou quatre garde-robes quotidiennes. La langue n'est plus sale ; l'haleine n'a plus d'odeur forte après le repas. L'état des voies digestives s'est amélioré, mais depuis hier, M. F... se plaint d'une douleur de tête gravative avec battement de cœur, le front est chaud, le visage fortement coloré. Les vertiges qui avaient diminué reprennent leur intensité première. Les eaux ont évidemment une action trop excitante sur la circulation.

Suspendre pendant deux jours l'eau et les bains ; éviter le soleil et la fatigue. Pédiluve chaud matin et soir. Un gramme de bromure de potassium deux fois par jour.

14 août. — Le calme étant revenu, les eaux sont reprises à dose purgative. Les vertiges reviennent le lendemain, mais moins forts et sans chaleur à la tête. Comme ils sont plus marqués à

l'état de vacuité, je fais prendre du bouillon deux heures avant le repas.

20 août. — Amélioration de tous les symptômes, le vertige est plus rare et moins prononcé, mais le malade commence à être saturé et ne boit plus les eaux qu'avec dégoût. J'ordonne le départ qui a lieu le lendemain.

J'ai reçu des nouvelles de M. F... au mois de janvier 1879. L'amélioration persistante de tous les symptômes lui a permis de vaquer à ses occupations. Outre le traitement de l'année précédente par le Colambo, le bromure de potassium et la noix vomique, il a pris journellement quelques gouttes d'alcoolature d'aconit.

Revenu à Aulus le 10 juillet 1879, j'observe chez le malade les signes suivants : yeux moins rouges, visage moins congestionné, vertiges rares et peu intenses, mais, douleurs fugaces à la région temporale droite, pupille de l'œil droit un peu plus dilatée que sa congénère, bourdonnements presque incessants dans l'oreille droite, surdité du même côté, voies digestives dans un état parfait. Depuis la cure de l'an dernier, la constipation n'a reparu qu'à de rares intervalles.

Soumis au même traitement que la première année, M. F... le supporte très bien et en retire immédiatement des effets infiniment plus avantageux.

24 juillet. — La tête est plus libre, la démarche assurée, mais les bourdonnements de l'oreille droite persistent, et le vertige ne reparaît que lorsque ces derniers augmentent, ce qui me fait croire que le vertige stomacal a été remplacé par le *vertigo ab auræ læsa*. Quoi qu'il en soit, que ce vertige soit actuellement symptomatique d'un trouble fonctionnel de l'estomac, ou d'une lésion commençante des canaux semi-circulaires, les eaux d'Aulus n'en ont pas moins produit une amélioration des plus remarquables.

OBSERVATION IX. — La deuxième observation a trait à un sénateur bien connu, qui, à la suite de vertiges ayant occasionné plusieurs chutes, s'adressa à M. le docteur Pozzi, professeur agrégé à l'École de Paris. Notre distingué confrère porta le diagnostic : vertige stomacal, et s'empressa de rassurer son client qui se croyait sans cesse sous l'imminence d'une congestion cérébrale. Après l'emploi de moyens divers, M. X... suivit un traitement hydrothérapique qui ne procura pas un soulagement appréciable.

Envoyé à Aulus dans les premiers jours d'août 1878, il y fut soumis à un traitement hydro-minéral à dose purgative. Les vertiges diminuèrent peu à peu, et au départ on constatait une notable amélioration, qui n'a fait que s'accentuer depuis, car l'effet laxatif des eaux s'étant continué pendant près de quatre mois, M. X... n'a eu pendant ce laps de temps qu'un léger accès de vertige à la suite d'un long voyage en chemin de fer. J'ai appris depuis que sa santé était excellente.

CHAPITRE II

MALADIES DU FOIE.

Parmi les différentes affections de cet organe, celle que nous avons la plus communément observée à Aulus est l'*hypérémie* ou *congestion chronique,* qu'on désigne plus habituellement sous le nom d'*engorgement*. Dans tous les cas sans exception, nous avons constaté une amélioration considérable, dans les cas récents une guérison complète. Les observations suivantes nous donneront du reste la mesure de l'action curative de nos eaux dans cet état morbide.

Observation X. — *Engorgement du foie.* — *Dyspepsie atonique flatulente, symptomatique.* — M. R .., de Toulouse tren-thuit ans, tempérament bilioso-nerveux, constitution moyenne, souffre depuis trois ans environ, de troubles digestifs consistant en digestions lourdes avec ballonnement de l'estomac, renvoi de gaz tantôt inodores, tantôt nidoreux, parfois aigreurs, quelquefois douleur au creux épigastrique, constipation rebelle (une selle tous les trois cu quatre jours) ; la nuit, insomnie opiniâtre causée par des flatuosités intestinales et une douleur vive à la région lombaire ; le matin, faiblesse, sentiment de courbature ; après le repas, tête lourde, cerveau vide, et inaptitude aux travaux intellectuels. M. R... a eu à diverses reprises quelques bourrelets hémorrhoïdaux avec léger écoulement de sang, pas d'antécédents alcooliques, mais hygiène défectueuse, a vécu pendant longtemps avec du bouillon et du café, n'est porteur d'aucune diathèse, du moins apparente ; rien à noter à ce sujet chez les ascendants. Il accuse seulement une douleur habituelle à l'épaule gauche, qui se calme quand les digestions sont meilleures. Il attribue son affection à un travail excessif et à des préoccupations prolongées.

État actuel. — Amaigrissement visage abattu, teinte sub-ictérique, langue saburrale à la base, rouge à la pointe, estomac tendu et douloureux à la pression, au niveau du creux de l'épigastre : la région inférieure du foie dépasse les fausses côtes de deux centimètres à droite, de quatre centimètres à gauche. L'affection hépatique ayant été méconnue, le malade n'a jamais suivi un traitement rationnel.

Prescription. — Boire tous les matins et progressivement, de deux à six verres source Bacque, deux verres le soir, grand bain minéral à 35°, exercice, supprimer le café et s'abstenir de sauces, d'aliments gras et épicés. Début du traitement le 20 juin 1879.

2 juillet. — La constipation a cédé dès le second jour de la cure (deux garde-robes molles vert noirâtre tous les matins) effet diurétique prononcé. L'appétit s'est réveillé dès le troisième jour. M. R... digère sans s'en apercevoir, selon sa propre expression ; quatre ou cinq heures après le repas il sentait un grand malaise avec gargouillements et tension très pénible de l'abdomen. Aujourd'hui il ne sent rien, a la tête libre, le mouvement et la marche faciles. Il dort toutes les nuits quatre heures d'un sommeil tranquille, ce qui ne lui était pas arrivé depuis longtemps. Le foie est moins sensible à la pression, mais son volume est à peu près le même. Appelé par d'impérieuses affaires, M. R... part le lendemain.

27 août. — M. R... revient à Aulus faire une seconde cure : depuis son départ la constipation n'a reparu qu'à de rares intervalles et bien moins accentuée qu'auparavant. Les digestions autrefois si difficiles se font maintenant à souhait. Il a plus de force et d'activité au travail. L'insomnie n'existe plus. Depuis huit jours seulement, à la suite des grandes chaleurs, le teint est devenu un peu jaunâtre, la constipation tendrait à revenir ainsi que la pesanteur à l'hypocondre droit. Le foie dépasse toujours les côtes de quatre centimètres en avant.

M. R... est soumis au même traitement hydro-minéral que précédemment, et le 10 septembre, j'ai la satisfaction de constater que cette seconde cure a eu un effet décisif. Le foie dépasse à peine les fausses côtes et n'offre plus la moindre sensibilité à la pression. Fait important ; la diminution de la glande hépatique a coïncidé avec une abondante éruption de papules lichénoïdes sur la région hépatique. Départ le 12 septembre, santé parfaite. J'ai appris récemment que la guérison s'était maintenue.

OBSERVATION XI. — *Hépatite chronique.* — *Arthritisme* adressé par le Dr Gombaud, médecin de l'hôpital Beaujon. — M. G..., capitaine de cavalerie, quarante-cinq ans, haute stature, tempérament lymphatico-sanguin, constitution forte autrefois, aujourd'hui un peu détériorée. Après avoir habité l'Algérie pendant huit ans, a fait l'expédition du Mexique où il a eu un commencement de fièvre jaune. Grâce à un départ précipité, cette terrible affection a pu être conjurée. A peine rentré en France, cet officier a été atteint d'un engorgement énorme du foie, qui descendait au-dessous de l'ombilic, avec inappétence, jaunisse, selles décolorées, douleurs, insomnie rebelle. Envoyé trois ans de suite à Vichy, ce malade n'a jamais pu supporter les eaux pendant plus de six à huit jours. Au bout de ce temps, la fièvre se déclarait, la constipation devenait absolue et force était de cesser le traitement. Une cure à Plombières et un traitement hydrothérapique longtemps continué ont bien réduit le volume du foie; cependant l'engorgement est encore considérable, le malade est sujet à avoir toutes les semaines un flux ou débordement de bile avec diarrhée, précédée de coliques et composée de matières verdâtres, épaisses et infectes. Après quelques heures tout rentre dans l'ordre. Il souffre constamment de mal de reins et de douleurs rhumatoïdes erratiques (mère goutteuse et frères tous rumatisants), a eu, à plusieurs reprises du sable rouge dans les urines.

État actuel. — Teint assez frais, sauf les ailes du nez qui sont un peu jaunes. La peau du buste et de la région hépatique est légèrement bistrée. Le foie normal en haut, ne dépasse guère les fausses côtes en arrière, mais le lobe gauche descend à sept ou huit centimètres. Cet organe est douloureux à la pression, à la région épigastrique principalement. M. G... mange, mais sans aucun appétit; pesanteur, ballonnement, éructations après le repas. Insomnie, lumbago plus accentué à la suite du voyage, forces suffisamment conservées. L'urine est acide : réduite de moitié par l'ébullition et additionnée de son trentième d'acide chlorhydrique, elle laisse déposer au bout de vingt-quatre heures de nombreux cristaux rougeâtres d'acide urique. Avant d'être chauffée, elle est trouble; chauffée, elle redevient claire, ce qui prouve que le dépôt est constitué, non, par des phosphates insolubles, mais par des urates qui, par leur combinaison avec l'acide chlorhydrique laissent l'acide urique en liberté.

Prescriptions. — De quatre à huit verres, source Bacque, le matin; deux le soir, grand bain minéral à 35°; se priver de bière et de café, faire beaucoup d'exercice.

Le traitement, commencé le 28 juin 1879, est parfaitement supporté, et dès le premier jour donne lieu à deux ou trois selles quotidiennes noires, épaisses comme de la colle et extrêmement infectes. Les urines sont plus abondantes, plus claires et charrient de temps en temps du sable rouge.

Le troisième jour, le malade mange avec plaisir, ce qui ne lui était pas arrivé depuis bien longtemps. Les bains produisent un grand sentiment de bien-être, et sous leur influence le lumbago disparaît rapidement.

5 juillet. — Digestion lourde depuis hier, insomnie. J'ordonne au malade de ne pas trop manger, de supprimer le beurre, les graisses, les entremets sucrés, les sauces épicées dont il use trop largement : continuer les bains, et porter la dose de l'eau minérale à dix verres le matin.

Le lendemain, éruption papuleuse confluente avec démangeaison au niveau de la région hépatique. Cette éruption dure quatre ou cinq jours, et comme dans l'observation précédente, coïncide avec une diminution sensible du volume du foie.

10 juillet. — Le temps est humide et froid. M. G. s'est un peu refroidi. Je fais suspendre le traitement pendant deux jours. Après quoi il est repris et continué sans interruption jusqu'au 22 juillet, jour du départ. A cette date, le petit lobe du foie ne dépasse plus la ligne médiane, et ne déborde les fausses côtes que de deux centimètres environ. Il existe encore un peu de sensibilité à la pression pendant la dernière moitié du traitement, les selles ont été très abondantes (six à huit tous les jours) et toujours noires et poisseuses. (C'est un phénomène que j'ai eu à noter dans presque toutes les maladies du foie que j'ai soignées à Aulus.) Les désordres symptomatiques du tube digestif n'existent plus. Le sommeil est bon, les forces augmentées, et M. G... quitte la station, enchanté de sa cure et se promettant bien d'y revenir.

Le 11 janvier dernier, j'ai reçu des nouvelles de cet intéressant malade. La guérison se maintenait : il n'avait plus souffert du foie ni des digestions, mais ressentait de temps à autre depuis les grands froids, quelques accès de fièvre..... vieux souvenir du Mexique.

OBSERVATION XII. — *Engorgement du foie.* — *Gastralgie symptomatique.* — M. C..., Tarn-et-Garonne, quarante ans, tempérament sanguin, forte constitution, n'avait jamais eu de maladie lorsqu'il y a cinq mois, à la suite d'un violent accès de colère, il a ressenti de vives douleurs à l'épigastre s'irradiant vers l'hypocondre droit. Cette douleur est indépendante des digestions et revient par accès, tantôt avant le repas, tantôt trois ou quatre heures après. Appétit variable, souvent nul, sommeil assez bon. Constipation par intervalles, douleur passagère au niveau du larynx.

A l'arrivée de ce malade, 5 septembre, je constate que le lobe gauche du foie est douloureux à la percussion, qu'il dépasse les fausses côtes de six centimètres, la ligne médiane de deux, le teint est sub-ictérique, les forces un peu diminuées.

Sous l'influence des eaux en bains et en boisson, jusqu'à concurrence de huit verres tous les matins, il se produit dès le deuxième jour un effet purgatif marqué (quatre à cinq selles journalières, verdâtres et poisseuses); l'appétit revient, les douleurs gastralgiques disparaissent, mais les douleurs du foie augmentent pendant deux ou trois jours.

Au dixième jour le volume du foie a diminué des trois quarts, l'appétit est excellent. Plus de douleurs spontanées ni à la pression. Le malade, impatient de revenir à ses affaires, ne tient pas compte de mes conseils, et quitte Aulus après une cure de dix jours, qui a cependant suffi pour réduire l'engorgement et régulariser la circulation de la glande hépatique.

Il nous serait facile de multiplier ces observations, mais les cas que nous citons affirment suffisamment l'efficacité des eaux d'Aulus dans le traitement des engorgements chroniques du foie pour que nous ne voulions pas fatiguer le lecteur par une longue énumération de faits presque identiques, quant à l'affection, aussi bien qu'au point de vue du résultat du traitement.

Nous ignorons si nos eaux auraient une action aussi puissante contre l'hépatite chronique avec dureté et induration du paren-chyme, ictère prononcé et amaigrissement. Ces formes graves, résultant d'une hépatique aiguë, d'abcès de l'organe, ne se sont pas encore présentées à notre observation. Dans ces cas, les bi-carbonatées sodiques fortes, Vichy en particulier, nous paraissent mieux indiquées, à cause de leurs propriétés résolutives plus énergiques. Mais dans les cas en somme les plus communs dans nos climats tempérés, où l'engorgement s'est établi peu à peu et souvent à l'insu du malade, nos eaux purgatives, diurétiques et alcalines tout à la fois, remplissent sûrement la double indication d'exciter les sécrétions intestinales et biliaires, et de régulariser la circulation du système porte. Leur indication sera encore plus

positive si l'affection du foie se complique de dyspepsie, d'hémorrhoïdes, de constipation.

De même que les eaux de Cauterets et de Bonnes ont une action
spéciale sur la muqueuse des voies respiratoires, de même aussi,
croyons-nous, nos eaux ont une action élective sur le foie, les
reins et l'appareil glandulaire de l'estomac et de l'intestin.. C'est
là le fait original, caractéristique, qui frappe tout d'abord l'ob-
servateur, et qui nous explique leur action diurétique et surtout
leur effet purgatif, effet qu'on ne peut que difficilement rattacher
à la présence dans l'eau minérale de sels purgatifs à dose infini-
tésimale. Cette explication nous rend également un compte suffisant de leurs effets altérants, dépuratifs dans les affections constitutionnelles, herpétisme, arthritisme, syphilis.

Nous ne terminerons pas ce paragraphe sans faire mention des
bons résultats que nous donnent les eaux d'Aulus, chez les habitants des pays chauds, principalement chez les Européens qui
habitent l'Algérie. Nos lecteurs n'ignorent pas que sous l'influence
d'un air raréfié, l'activité de la respiration diminue, et que le
poumon ne suffit plus à éliminer le carbone du sang; le foie
vient alors suppléer à cette insuffisance en produisant une grande
quantité de bile qui, chargée de carbone, élimine cet agent par
les voies intestinales. Cette suractivité fonctionnelle du foie amène
un surcroît de nutrition qui se traduit, tôt ou tard, par une
augmentation de volume de l'organe. Aussi l'engorgement hépatique est-il une affection extrêmement commune dans les climats
chauds. Notre expérience personnelle nous permet d'affirmer que
cette catégorie de malades se trouvera bien de l'usage des eaux
d'Aulus et d'un séjour prolongé dans ses montagnes, surtout en
juillet et en août.

Lithiase biliaire, coliques hépatiques. — Les considé-
rations que nous avons émises dans le paragraphe précédent font suffisamment prévoir et apprécier le rôle important que les eaux d'Aulus sont appelées à jouer dans la
thérapeutique de la lithiase biliaire, aussi aborderons-
nous immédiatement le côté clinique de la question.

OBSERVATION XIII. — *Engorgement du foie avec gravelle biliaire.* —
M. A.., trente-cinq ans, officier, tempérament sanguin, forte constitution, n'a jamais fait d'excès alcooliques, mais mange trop, a
eu, en mars 1878, un rhumatisme à la région du cœur accompagné

de palpitations pour lesquelles on lui ordonna de la noix vomique.
Quelques jours après, digestions très pénibles et très douloureuses,
avec constipation rebelle et insomnies continuelles, symptômes
qu'il attribua à l'usage de la noix vomique. Il prit alors des purgatifs qui lui irritèrent violemment l'intestin. En même temps
survinrent des douleurs vives, intermittentes qui, partant de l'épigastre, s'irradiaient tantôt dans la région du foie, tantôt dans la
région splénique.

A son arrivée à Aulus (23 juillet 1878), je note l'état suivant :
Signes objectifs. — Foie normal en haut, en bas dépassant les
fausses côtes de quatre centimètres environ, aussi bien à droite
qu'à gauche. Teinte ictérique des conjonctives et du sillon naso-
labial, visage abattu, amaigrissement; langue saburrale à la base,
rouge à la pointe ; rien à la rate ni au cœur.

Signes subjectifs. — Pesanteur douloureuse à la région hépatique, douleur à la pression au creux épigastrique, digestions
difficiles, renvois alimentaires, flatulences intestinales, alterna-
tive de constipation et de diarrhée, selles quelquefois décolorées
coïncidant avec des phénomènes gastralgiques plus accentués,
oppression habituelle, insomnie.

J'ordonne la source Bacque à la dose progressive de quatre à huit
verres le matin, deux verres le soir. Grand bain minéral à 34°, régime
léger, exercice graduel. Je recommande au malade de bien exa-
miner les évacuations alvines, car je crains que le foie ne con-
tienne des calculs, ou tout au moins de la gravelle biliaire.

1er août. — M. A... a bien supporté le traitement: les eaux
ont déterminé cinq à six exonérations quotidiennes. L'appétit
est meilleur, les digestions moins lourdes. Mais les douleurs hépatiques sont plus vives, tout en étant moins prolongées. Le
malade m'apporte, en même temps, dans un papier une foule de
petits corps arrondis, de la grosseur d'un grain de chènevis, de
couleur ambrée ou brunâtre. Parmi eux on distingue deux ou
trois petits calculs de la grosseur d'une lentille, brûlant très rapidement à la flamme d'une bougie et évidemment formés de
cholestérine. Loin de diminuer l'eau minérale, je fais élever la
dose à dix et douze verres, bain minéral à 35°, d'une heure de
durée.

10 août. — M. A... a été abondamment purgé tous les jours
(six à sept selles verdâtres, épaisses, gluantes), contenant une quantité considérable de sable ou de grains arrondis d'un volume variable; les douleurs ont disparu depuis deux ou trois jours. Les digestions sont parfaites, le sommeil régulier, l'oppression n'existe
plus et le malade peut faire de longues promenades sans fatigue.

Le foie déborde à peine les fausses côtes, la pression n'est plus douloureuse au creux de l'épigastre. Départ le 12 août.

Voici ce que m'écrit M. A..., à la date du 17 janvier 1879.

« Les eaux d'Aulus m'ont été favorables, en ce qu'elles ont agi « sur le foie et m'ont fait rendre une grande quantité de sable « ou de gravelle. Je digère maintenant des aliments que je ne « pouvais pas digérer avant d'en faire usage. Je ne suis plus cons- « tipé et je me porterais très bien, si je suivais un régime spécial, « léger et non excitant. Je ne souffre du foie que lorsque mon « cheval trotte ou galope. »

J'ai eu l'occasion de revoir M. A..., qui est venu faire une seconde cure en août 1879. L'engorgement du foie n'est plus apparent, et ce n'est qu'à de rares intervalles que le malade a pu constater un peu de sable biliaire. Cette seconde cure n'a pas eu pour résultat d'en faire remarquer davantage, ce qui nous permet de croire que M. A... est pour longtemps débarrassé de sa lithiase.

Cette observation et quelques autres que nous avons soigneusement notées nous prouvent non seulement que les eaux d'Aulus provoquent l'expulsion des concrétions biliaires, mais encore qu'elles sont aptes à en prévenir le retour.

Lorsque ces concrétions offrent un volume plus considérable, les choses ne se passent pas d'une façon aussi régulière, et la cure est souvent interrompue par des accidents soudains, atrocement douloureux. Nous voulons parler des coliques hépatiques. Ces crises sont plus ou moins longues, se renouvellent plus ou moins fréquemment, mais n'empêchent pas la reprise du traitement hydrominéral, aussitôt qu'elles sont calmées. Nous avons été plusieurs fois appelé pour des coliques hépatiques, évidemment provoquées par le traitement. Les suites ont toujours été heureuses, et les malades ont quitté la station dans un état satisfaisant. Mais, comme nous ignorons si ces accidents ne se sont pas reproduits, nous préférons ne pas citer d'observations avant d'être complétement fixé sur le résultat ultérieur de la cure.

Ictère. — *Embarras bilieux chronique.* — L'ictère
simple, accidentel, même lorsqu'il a résisté aux moyens
ordinaires, disparaît rapidement sous l'influence des eaux
d'Aulus à dose purgative. Cette forme bénigne et facilement curable ne doit pas nous occuper. Nous ne parlerons
pas davantage de l'ictère grave symptomatique d'une
dégénérescence du foie (cirrhose, cancer, etc.). Ces affections n'ont rien à voir avec les eaux minérales. Mais l'ictère chronique, symptomatique d'un trouble fonctionnel
prolongé de l'appareil biliaire, doit retenir un moment
notre attention.

Nous avons pu au mois d'août dernier observer un de
ces cas où l'ictère persistant depuis quelques mois avec la
même intensité ne paraissait lié ni à une hépatite chronique, ni à un engorgement graduel, mais seulement à
un trouble fonctionnel survenu à la suite d'un violent cha-
grin domestique. Le malade offrait les symptômes
suivants :

Coloration citrine générale de la peau, prurit considérable, selles rares et décolorées, inappétence, troubles digestifs variés, insomnie, amaigrissement, faiblesse croissante.
A la suite d'une cure de vingt-cinq jours à Aulus, il se
produisit une amélioration considérable qui n'a fait que
s'accentuer depuis, comme le prouvent les lignes suivantes
que j'ai reçues le 8 janvier :

« Je vais beaucoup mieux, mais je ne suis pas tout à fait
« rétabli. La coloration de la peau et les démangeaisons
« ont disparu depuis le mois d'octobre, mais les matières
« sont encore parfois décolorées. L'appétit est bon ainsi
« que le sommeil. En somme, mieux très sensible. »

L'embarras gastrique ou bilieux est une des maladies
qu'on observe le plus communément en été et en automne
dans le midi de la France. Débutant habituellement par

de la courbature, de la fièvre, de la céphalalgie sus-orbitaire (fièvre bilieuse), elle cède en général assez promptement à l'émétique et aux délayants.

Mais, dans quelques cas, l'appétit ne revient pas, la bouche reste amère, la langue sale ; et cela malgré les amers et les purgatifs répétés. Dans d'autres circonstances, l'embarras bilieux se produit lentement, sans fièvre : les malades ont, le matin, des nausées et même des vomissements bilieux. L'anorexie devient peu à peu complète.

Nos eaux ont dans ces états morbides une action prompte et décisive, et un traitement de huit à dix jours suffit habituellement pour avoir raison d'embarras bilieux qui résistaient depuis deux et trois mois à tous les moyens thérapeutiques..

Ajoutons, pour être complet, que les engorgements du foie et de la rate, survenus à la suite de fièvres intermittentes prolongées, trouveront à Aulus une médication aussi efficace que rationnelle.

CHAPITRE III

AFFECTIONS DES VOIES GÉNITO-URINAIRES.

Gravelle urique ; calculs urinaires. — Un éminent hydrologiste, le Dr Durand-Fardel, a surnommé Aulus, le Contrexéville du midi. Rien de plus vrai, car parmi les nombreuses affections chroniques justiciables de ses eaux, il n'en est pas une où leur indication soit plus positive, où leurs effets soient plus rapidement appréciables que dans le traitement de la gravelle, des calculs et spécialement des produits de la diathèse urique. Notre intention n'est pas de traiter à fond une question de cette importance. Notre expérience est trop récente et nos observations trop peu nombreuses pour un travail de ce genre, qui demanderait d'ailleurs des développements que ne comporte pas notre sujet. La clinique thermale est loin d'être aussi facile que la clinique hospitalière ou civile ; par négligence ou par calcul, les malades n'ont pas souvent recours à l'intervention des médecins des eaux, lorsqu'il s'agit d'une affection qu'ils croient légère, comme la gravelle, par exemple. Nous ne sommes guère appelés que lorsqu'il survient des phénomènes douloureux, des coliques néphrétiques, et comme les cas de gravelle compliquée de pyélite ou de pyélo-néphrite sont encore rares dans la station, nous n'avons été à même d'observer personnellement qu'un assez petit nombre de graveleux ou de calculeux, dont l'affection était le plus souvent liée à la goutte. En revanche, nous avons reçu de très nombreuses confidences, et dans nos conversations avec les malades, nous avons pu apprécier le rôle thérapeutique de nos eaux et leurs effets ultérieurs sur les maladies qui nous occupent. Ces renseignements et les faits bien observés que nous possédons nous permettent de donner, non une analyse complète de l'action des eaux d'Aulus dans les différentes formes de gravelle, mais d'en retracer exactement la physionomie générale et les caractères principaux.

Le phénomène le plus saillant et qu'on observe dès les premiers jours, consiste dans une modification rapide de la quantité, de l'aspect et de la composition des urines. La diurèse augmente dès le premier ou le deuxième jour. En même temps, les urines auparavant troubles, épaisses, deviennent claires, transparentes. Ce changement est surtout apparent, le matin, à la buvette, où les derniers verres sortent à l'état d'eau pure. Cet effet diurétique ne dure habituellement que la première moitié du jour. La nuit et le matin, avant la cure, les urines ont recouvré en partie la couleur et l'aspect qu'elles doivent à leur état pathologique, jusqu'à ce que ce dernier soit lui-même modifié par le traitement. Chez les graveleux, voici ce qui se passe habituellement. Chez ceux qui n'ont pour le moment qu'un excès d'acide urique dans l'urine, sans précipitation, les eaux augmentent dès le début la quantité de cet acide. L'urine de la nuit est plus foncée, plus chargée d'urates ; mais peu à peu ce liquide devient plus clair, plus pâle et vers la fin du traitement il donne une réaction neutre, quelquefois alcaline ; traité par l'acide chlorhydrique il ne laisse plus déposer des cristaux d'acide urique. Il arrive même très souvent que ces malades trouvent, le matin, du sable rouge ou jaune dans le fond de leur vase. Nous avons remarqué ce même phénomène chez un certain nombre de personnes qui, non seulement n'avaient jamais eu de gravelle, mais encore n'avaient jamais constaté la plus petite quantité de sable dans leur urine. Chez les graveleux proprement dits, les eaux produisent un lavage incessant des voies urinaires qui a pour résultat de les débarrasser des concrétions qu'elles renferment. Cette expulsion se fait généralement sans douleur, mais si ces concrétions sont trop volumineuses ou en trop grande abondance, il survient, soit pendant la cure, soit quelques jours après, des coliques néphrétiques qui ont pour effet d'éloigner pour un laps de temps plus ou moins long les divers phénomènes de la diathèse urique.

S'il faut en croire quelques observations et les récits de plusieurs graveleux, récits dont on n'a aucune raison de suspecter la véracité, les eaux d'Aulus auraient la propriété,

non seulement de faire promptement disparaître les concrétions uriques, mais encore de prévenir ultérieurement
leur formation ; en d'autres termes elles auraient une action
positive sur l'essence même de la diathèse urique. Les faits
cliniques sont là pour démontrer la vérité de la première
affirmation. On conçoit très bien d'ailleurs que, sous l'influence d'une grande quantité d'eau dans le sang, la pression sanguine sur le rein soit plus considérable et que ce
lavage continuel des voies urinaires les débarrasse en
quelques jours des corps étrangers qu'elles peuvent conte-
nir (sable urique, graviers, calculs divers); mais démontrer
que nos eaux ont une influence directe sur la diathèse est
chose plus difficile. Au point de vue clinique quelques
faits de guérison plus ou moins complète ne suffisent pas,
car on voit tous les jours des gravelles qui disparaissent
ou des calculs qui ne se renouvellent pas, et cela sans
l'usage des eaux minérales. Dans ce cas, ou bien les troubles
morbides diathésiques s'atténuent à la suite d'une meilleure
direction hygiénique, ou leur modalité pathogénique varie,
et tel qui était autrefois graveleux est aujourd'hui asthma-
tique, par exemple. On ne peut guère invoquer davantage
les modifications que nos eaux apporteraient à la composition du sang, comme à Vichy ou à Vals, où le liquide
sanguin se trouve placé dans un milieu alcalin qui persiste
plus ou moins longtemps après la cure. D'après nos expé-
riences, il se passerait à Aulus ce qui se passe à Contrexéville ; le sulfate de chaux de ces eaux minérales n'est pas
assimilé et passe en totalité dans l'urine, et si dans quelques cas ce liquide devient alcalin, il le doit à la petite
quantité des sels de soude, de potasse et de magnésie
contenus dans ces eaux.

On pourrait, il est vrai, connaissant l'excitation sécrétoire
qu'elles impriment aux glandes vasculaires, penser que le

rein acquiert un surcroît de vitalité physiologique, qu'il s'opère une modification dans sa muqueuse, à la suite desquelles les concrétions uriques ne pourraient plus se former et séjourner dans l'organe ; c'est l'opinion qu'exprime M. le Dr Paul Reclus dans une intéressante notice sur les *eaux d'Ahusquy* (1); pour nous, nous croirions plus volontiers que nos eaux impriment aux diverses sécrétions une modification qui corrige jusqu'à un certain point cette erreur, cette anomalie de l'assimilation qui sert de point de départ à la combustion incomplète des principes azotés et à la formation d'un excès d'acide urique dans le sang.

Quoi qu'il en soit, les faits que nous connaissons ne sont pas suffisamment nombreux pour nous permettre de résoudre cette question, et nous avons dû nous borner à des hypothèses que nous chercherons à corroborer par les faits suivants.

OBSERVATION XIV.—M. X..., haut fonctionnaire autrefois attaché à l'administration des domaines, en Algérie, soixante-cinq ans, a eu, il y a longtemps, quelques accès de goutte peu accentués, qui ont été remplacés depuis une quinzaine d'années par un lumbago habituel, des douleurs irrégulières au niveau des régions rénales, avec expulsion intermittente de sables urinaires d'abord, puis de gravelle, enfin de calculs uriques qui ont donné lieu, à plusieurs reprises, à de violentes coliques néphrétiques, a fait plusieurs cures à Vichy et à Contrexéville, avec résultats variables, est venu à Aulus il y a sept ans, et a retiré de cette cure une si grande amélioration qu'il y vient depuis, tous les ans. N'a eu ni gravelle, ni colique néphrétique depuis cinq ans, et ne voit apparaître des sables rouges dans son urine qu'à la suite d'une forte émotion, d'une grande fatigue ou d'un repas trop copieux. N'a offert depuis aucun phénomène arthritique, sauf un peu d'essoufflement habituel, trouve nos eaux plus douces, plus digestives, plus diurétiques qu'aucune des eaux minérales qu'il a expérimentées.

(1) *La Fontaine d'Ahusquy*, par le Dr Paul Reclus, prosecteur de la Faculté de médecine de Paris.

Observation XV. — M. M..., de Toulouse, cinquante-cinq ans, tempérament sanguin, a eu, il y a dix ans environ, des symptômes morbides caractérisés par de très vives douleurs à la région rénale gauche, suivant le trajet de l'uretère et déterminant la rétraction du testicule correspondant. Ces coliques néphrétiques se renouvelaient quelquefois toutes les semaines et avaient fini par apporter un trouble sérieux dans la santé générale. Fait assez rare, à la suite de ces coliques, le malade n'a jamais constaté l'expulsion de concrétions graveleuses ou calculeuses. Trois saisons consécutives à Capvern n'avaient amené qu'un soulagement insignifiant, lorsque M. M... eut l'idée de venir à Aulus. Dès la première cure, amélioration considérable. Les coliques ne reviennent plus que tous les deux ou trois mois. Dès la seconde saison, disparition à peu près complète de tous les phénomènes douloureux. M. M... a été tellement enchanté de ce résultat que, depuis trois ans, il s'est fixé à Aulus pour toute la saison d'été. L'an dernier, à la suite d'une violente colère, il a éprouvé un accès d'asthme que j'ai rapidement calmé avec une injection de morphine. Actuellement il n'éprouve plus de loin en loin que quelques faibles tiraillements dans la région rénale. Ces tiraillements disparaissent aussitôt qu'il boit de l'eau d'Aulus.

Ces coliques hépatiques non suivies d'expulsion de concrétions, pourraient bien n'avoir été qu'un spasme du rein et de l'uretère, symptomatique de l'arthritisme, au même titre que les migraines, les crampes, les spasmes du foie et des intestins, symptomatiques de l'affection goutteuse.

Observation XVI. — Un ecclésiastique, âgé de soixante ans, grand, fort, teint frais, tempérament sanguin, vie régulière et sobre, antécédents arthritiques, est depuis longtemps sujet à des troubles des voies urinaires caractérisés par une fatigue douloureuse de la région lombaire, douleur sourde, quelquefois lancinante au niveau des reins, s'irradiant à la vessie, miction parfois difficile avec trouble et filaments muqueux des urines, phénomènes dyspeptiques divers (pesanteur, ballonnement épigastrique, oppression), expulsion fréquente de graviers uriques, quelquefois de calculs, avec colique néphrétique. Depuis six ou sept ans, ce malade vient chaque année faire une courte cure à Aulus, au mois de juin, une seconde vers la fin de la saison. Il arrive courbaturé, affaibli, sans appétit, digérant et dormant mal. Sous l'influence des eaux et des bains minéraux prolongés, tous les éléments de cette scène morbide disparaissent rapidement. Le résultat final n'est pas aussi complet que dans les observations précédentes. Cependant les coliques néphrétiques sont plus rares, l'expulsion des graviers moins fréquente. La miction est plus facile, les urines ne sont plus troubles et ne charrient plus de filaments muqueux. Les bons effets de nos eaux se prolongent de plus en plus, et grâce à elles ce vénérable prêtre peut aujourd'hui accomplir sans fatigue les nombreux devoirs de son ministère.

Observation XVII. — M. C..., négociant (Toulouse), quarante-huit ans, court et replet, tempérament sanguin, bonne constitution, me fait appeler le 1er août pour une violente colique néphrétique occupant l'hypocondre droit, s'irradiant le long de l'uretère avec rétraction douloureuse du testicule droit. La colique dure depuis sept ou huit heures. Un lavement avec 4 grammes de chloral, un grand bain et des cataplasmes laudanisés ont vite calmé la douleur. Mais le malade n'a pu uriner depuis vingt-quatre heures et ressent une vive douleur dans le trajet du canal de l'urèthre. De fréquents efforts n'aboutissent qu'à l'expulsion de quelques gouttes d'urine rouge comme du sang. (Ce malade, arrivé depuis trois jours, prenait les eaux sans direction médicale et avait eu le tort de débuter par de fortes doses.)

Dans la soirée du même jour et la nuit suivante, M. C..., après avoir pris une solution de bicarbonate de soude, expulse à plusieurs reprises une bouillie ou gelée rougeâtre composée d'une énorme quantité de sables uriques agglomérés à l'aide du mucus vésical.

2 août. Mieux très sensible. J'autorise l'ingestion de trois verres de la source Bacque qui déterminent une heure après d'abondantes émissions d'urine trouble rougeâtre et tenant en suspension beaucoup de sable. Ces émissions se font presque sans souffrance, ce qui étonne le malade au plus haut point, car, après les nombreuses coliques néphrétiques qu'il a eues, il a toujours ressenti pendant sept à huit jours de vives douleurs dans le canal en urinant, douleurs accompagnées de violents efforts d'expulsion qui n'aboutissaient qu'à l'émission d'une très petite quantité d'urine sanguinolente.

Le 3 août et les jours suivants, M. C... boit les eaux à la dose progressive de quatre à dix verres et se baigne tous les jours. Plus de douleur à la miction, les urines sont claires et très abondantes. La constipation a cédé et fait place à deux ou trois garde-robes quotidiennes. Il digère très bien l'eau d'Aulus, tandis que l'eau de Capvern, où il a fait deux saisons, passait mal et n'avait cune action sur sa constipation habituelle.

Il part le 14 août, enchanté de sa cure, et se promettant bien de revenir tous les ans. Je lui ordonne une cure de raisins au mois d'octobre, de l'exercice, un régime peu animalisé, et l'usage des eaux d'Aulus à domicile.

OBSERVATION XVIII. — M. M... (Lyon), quarante-six ans, tempérament bilioso-sanguin, forte constitution, habitudes sédentaires, travaux prolongés de l'esprit, ascendants goutteux, antécédents arthritiques, a un eczéma entre les doigts du pied droit, avec squames plus sèches, plus épaisses et plus grisâtres que dans l'eczéma de nature herpétique (eczéma arthritique), a la gravelle depuis sept ou huit ans, fait très souvent du sable rouge et a eu un grand nombre de coliques néphrétiques, aujourd'hui calmées, après quatre saisons à Contrexéville. Dans cette station, il ressentait, au bout de trois ou quatre jours, un spasme douloureux aux régions vésicale et rénale. Il était alors pris d'une mélancolie noire ; il trouvait ces eaux froides et moins digestibles que celles d'Aulus qui, l'an dernier, lui ont fait rendre beaucoup de gravelle urique, sans douleur et sans spasme. Ici son appétit a été plus développé et ses digestions, habituellement mauvaises, ont été rapidement régularisées.

M. M... commence son traitement le 5 septembre, et, d'après mes prescriptions, boit progressivement de quatre à dix verres de la source Bacque, et prend, tous les soirs, un grand bain minéral à 35°. Sous l'influence de ce traitement, il expulse les premiers jours un peu de gravelle et quelques sables rouges sans tiraillements ni douleur d'aucune sorte. Les démangeaisons de l'eczéma se calment peu à peu, l'inflammation cutanée diminue, les surfaces encore suintantes se sèchent et deux ou trois petites crevasses qui gênaient la marche se cicatrisent. Les premiers bains ont déterminé quelques douleurs musculaires vagues, qui ont disparu peu après. Nous aurons l'occasion de revenir sur ce symptôme familier aux arthritiques qui font usage de nos eaux.

Départ le 25 septembre, santé parfaite. Eczéma sec et recouvert par de très petites lamelles épidermiques.

Le 6 janvier dernier M. M... m'écrit : « Ma cure est un vrai prodige. Depuis, je ne me suis nullement trouvé indisposé. Je n'ai plus vu d'eczéma, ni de douleurs arthritiques. Rien du côté des voies urinaires, quelques démangeaisons à l'aine que je crois être de nature herpétique. »

Cystite chronique et catarrhe vésical. Prostatite. — Les cystites chroniques ou subaiguës, les catarrhes vésicaux,

les inflammations chroniques et les engorgements de la
prostate sont des affections que l'on rencontre rarement à
Aulus à l'état de simplicité. Presque toujours elles com-
pliquent soit la goutte, soit des blennorrhées anciennes
avec rétrécissement, soit des états pathologiques divers qui
ont amené les malades à cette station. Relater des observations étrangères à notre sujet pour y relever ces complica-
tions serait allonger démesurément notre travail et fatiguer
inutilement le lecteur. Qu'il nous suffise de dire que dans
les affections de la vessie, nos eaux ont une action déter-
sive marquée, qu'elles modifient quelquefois très rapidement la muqueuse et qu'elles augmentent le ressort et la
vitalité de cet organe. Sous leur influence, les dépôts
muqueux ou purulents diminuent et quelquefois disparaissent, ainsi que l'odeur fade et ammoniacale qui les accompagne. La miction devient plus facile, moins douloureuse,
les besoins d'uriner moins fréquents.

OBSERVATION XIX. — *Goutte vague, irrégulière.* — *Catarrhe de
vessie.* — M. V..., arrivé le 19 août, Bordeaux, soixante-dix
ans, tempérament lymphatico-sanguin, assez bonne constitution,
ressent depuis plusieurs années des douleurs vives erratiques, se
portant tantôt sur les pieds, de préférence au petit orteil et à la
région externe, se déplaçant subitement au bout de quelques
jours ou de quelques heures, pour affecter la région lombaire ou
l'estomac. Quand elles sont fixées sur ce dernier organe, crampes
violentes avec exacerbations après les repas, s'accompagnant de
sensations de brûlure à l'épigastre, d'aigreurs (pyrosis) et de flatuosités. Eczéma habituel des bourses et de la partie interne des
cuisses. Tous les étés, vers le mois d'août, sueurs excessives ame-
nant une éruption presque générale de petites papules rosées
qui se recouvrent d'une petite vésicule qui, en se desséchant,
forme une légère pellicule blanchâtre ; de violentes démangeaisons accompagnent cette éruption et occasionnent même un peu
d'insomnie. Fréquentes envies d'uriner le jour ; la nuit, deux
mictions seulement qui se font lentement, mais sans douleur.
Le matin, les urines sont troubles, à odeur fade, et laissent voir

au fond du vase un dépôt blanchâtre, visqueux, très abondant.

Prescription. — Trois à six verres source Bacque le matin, deux le soir, un bain minéral à 34° ; ne pas prendre d'autre bain sans autorisation. M. V... a pris sans me consulter plusieurs bains qui ont déterminé de l'irritation à la peau et ont augmenté les démangeaisons. Les sueurs ont diminué cependant, quoique les urines soient très abondantes ; les envies d'uriner sont moins fréquentes. Moins de pesanteur aux lombes et à la région pubienne. Les urines ne sont plus troubles, le dépôt a diminué de moitié.

Lorsque M. V... quitte Aulus le 8 septembre, les sueurs ont à peu près disparu, les démangeaisons sont nulles, quoique l'éruption persiste encore à la partie antérieure de la poitrine. Les fonctions digestives se font à merveille, le sommeil est bon et le malade ne se lève plus qu'une fois pour uriner. Le dépôt a entièrement disparu. M. V... est revenu l'an dernier. Le catarrhe vésical avait reparu l'hiver précédent, mais infiniment amoindri. A son arrivée à Aulus, les besoins d'uriner ne sont guère plus fréquents qu'à l'état normal, le jet est plus vigoureux et le malade comprend que sa vessie se vide complètement. Les digestions sont également meilleures ; les douleurs arthritiques qui se portaient sur l'estomac n'ont plus reparu qu'à de rares intervalles, avec une durée et une intensité moindres.

On voit par cette observation que nos eaux ont rempli à souhait la double indication qui consistait à modifier l'état de la muqueuse vésicale et à remédier à une légère parésie musculaire de l'organe.

Il nous reste à parler des cystites du col et des engorgements de la prostate ; mais comme ces affections se trouvent liées à d'autres états pathologiques que nous décrirons plus loin, nous préférons renvoyer le lecteur aux chapitres consacrés à la blennorrhagie et à la goutte.

Uréthrite, blennorrhagie, blennorrhée, rétrécissements du canal de l'urèthre. — On peut reconnaître à tout écoulement uréthral trois périodes très distinctes qui répondent à trois indications thérapeutiques différentes.

La première, tout à fait aiguë (uréthrite proprement

dite), caractérisée par les douleurs vives dont s'accompagne la miction, par du ténesme vésical, de la fièvre et par l'établissement et l'augment progressif de l'écoulement; c'est la période franchement inflammatoire. Sa durée moyenne est de dix à vingt jours.

La seconde période, ou période de l'état de l'écoulement (blennorrhagie), dans laquelle les douleurs en urinant sont moins vives ou presque nulles et l'abondance de muco-pus considérable, cette phase dure de trois semaines à six mois.

La troisième période, ou période de localisation (blennorrhée) se caractérise par la gouttelette de muco-pus visible au méat, le matin seulement, ou sous l'influence de certains écarts de régime, un coït répété, la fatigue, les excès de table, etc.

La blennorrhée s'accompagne d'une altération circonscrite qui débute sur la surface muqueuse de l'urèthre et s'enfonce peu à peu dans la couche sous-muqueuse, en y provoquant un travail pathologique caractérisé par de petites embolies veineuses, point de départ d'un rétrécissement (1).

Dans l'exposé clinique que nous allons soumettre à nos lecteurs, nous suivrons cette division qui nous permettra de caractériser et de limiter exactement le rôle thérapeutique des eaux d'Aulus dans chacune des périodes de l'écoulement uréthral. L'importance du sujet que nous avons à traiter légitime ces précautions, car, en dehors de la ténacité bien connue de ces affections, le nombre des baigneurs qui en sont atteints, déjà considérable, tend à augmenter tous les ans, et la médication anti-blennorrhagique par les eaux d'Aulus est déjà regardée comme classique dans le midi de la France.

(1) Mallez. *Médication topique de l'urèthre.* Paris, 1872.

OBSERVATION XX. — *Uréthrite blennorrhagique.* — M. O...,
voyageur de commerce, vingt-cinq ans, tempérament sanguin,
complexion forte, constitution robuste, arrivé à Aulus le 24 juin,
ressent depuis cinq ou six jours de très vives douleurs en urinant,
avec sensation de brûlure le long du canal, ténesme vésical,
tiraillement douloureux dans les aines et les testicules, pesanteur
dans les lombes, érections nocturnes fréquentes et très douloureuses occasionnant de l'insomnie. Ces symptômes s'accompagnent d'un écoulement de muco-pus, verdâtre, épais, avec
anorexie, langue un peu sale et courbature générale, mais sans
fièvre. Ce malade a eu, il y a quatre ans, une autre blennorrhagie
qui a été très sérieuse, s'est compliquée d'accidents divers et a
résisté plus d'un an à un traitement rationnel.

Prescription. — Six demi-verres (source Darmagnac) le matin,
à prendre un demi-verre toutes les dix minutes. Quatre demi-
verres le soir, bain minéral à 35°, d'une heure et demie, abstinence absolue de vin, d'alcooliques et d'aliments excitants. Marcher le moins possible.

Dès le second jour du traitement, après deux bains, les tiraillements douloureux des aines et des testicules cessent, l'urine
brûle moins, l'appétit revient, et l'insomnie tend à disparaître.

Quatre jours après, l'écoulement est beaucoup plus considérable, d'un blanc jaunâtre. Miction très abondante, douleur nulle
en urinant, érections de la nuit moins fréquentes, mais encore
douloureuses. Le malade boit actuellement six verres d'eau le
matin, deux le soir ; deux garde-robes molles tous les jours.

5 juillet. — L'écoulement est blanc, à peine marqué ; légères
démangeaisons dans la profondeur du canal, santé parfaite, sommeil bon, troublé seulement par une ou deux érections nocturnes sans grande durée, mais encore douloureuses. M. C...,
appelé dans le Nord pour des affaires urgentes, quitte Aulus, le
lendemain, à son grand regret et au mien.

Je lui ordonne une boîte de capsules de Mothe, des pilules de
camphre et d'extrait gommeux d'opium pour calmer les érections,
et si l'écoulement persistait dans huit jours, des injections avec
du gros vin.

Quinze jours après, j'apprenais que l'écoulement avait entièrement disparu sans injections, et que la guérison était complète.

OBSERVATION XXI. — *Uréthrite blennorrhagique subaiguë.* —
M. L... (Ariège), arrive à Aulus le 1er août. Vingt-neuf ans, tempérament lymphatique, ayant eu de nombreuses glandes au cou
et de l'eczéma impétigineux au cuir chevelu, très sujet aux

coryzas et aux bronchites, a été affecté le 15 juillet d'une uréthrite aiguë avec douleurs vives et sentiment de brûlure en urinant, ténesme, érections douloureuses. S'est soigné jusqu'à son arrivée, par le repos, le régime et des tisanes rafraîchissantes.

Actuellement, les douleurs en urinant sont encore assez vives, l'écoulement abondant, d'un jaune vif; trois ou quatre érections douloureuses la nuit.

Prescription. — Six demi-verres (source Darmagnac) le matin, quatre demi-verres le soir, augmenter d'un verre tous les jours jusqu'à dix demi-verres le matin, bain minéral à 34ᵉ d'une heure de durée, régime approprié.

5 août. — Le traitement a été bien supporté ; les bains, loin d'affaiblir, tonifient et laissent après eux un sentiment de force, de calme et de bien-être, dont le malade se rend parfaitement compte. L'écoulement est plus abondant, mais moins jaune; douleur moindre en urinant. La nuit dernière il n'y a eu qu'une érection. Urines très abondantes, une selle molle tous les matins, appétit excellent.

10 août. — L'amélioration s'accentue de plus en plus. L'écoulement est devenu moins abondant, moins épais et complètement blanc, plus de douleur pendant la miction, plus d'érections nocturnes, appétit et sommeil excellents. Malgré mes conseils, M. L. quitte la station le jour même, emportant trente bouteilles d'eau minérale qu'il boira à domicile. J'ordonne des injections au sulfate de zinc et à l'acétate de plomb.

Le 18 août je reçois une lettre m'annonçant qu'après trois injections l'écoulement avait entièrement disparu, et n'avait pas reparu depuis.

OBSERVATION XXII. — *Blennorrhagie.* — M. H..., vingt-huit ans, bonne santé habituelle, arrive à Aulus, le 31 août 1878, porteur d'une blennorrhagie, qui date de trois mois. Cette affection n'a jamais occasionné de vives souffrances, et sous l'influence du traitement a diminué plusieurs fois sans jamais disparaître entièrement. Ces jours derniers elle devenue plus forte à la suite de longs voyages en voiture et de quelques excès de fatigue.

Actuellement. — Il existe une très légère douleur en urinant, l'écoulement est abondant, épais et jaunâtre, sensation de chaleur et d'embarras, avec pesanteur au périnée et à la région anale, symptômes que M. H... attribue à la formation récente de bourrelets hémorrhoïdaux, constipation habituelle.

J'ordonne de quatre à huit verres d'eau (source Darmagnac)

progressivement, deux verres le soir, grand bain à 34°, régime sévère.

Rien de spécial à noter pendant la cure qui a été régulièrement suivie pendant dix jours, si ce n'est que l'écoulement qui avait augmenté les deux premiers jours, a diminué de plus en plus, jusqu'au 8 septembre, jour où nous constatons seulement un léger suintement presque incolore. Nous ordonnons une injection matin et soir avec acétate de plomb et sulfate de zinc. Le surlendemain, après trois injections, il n'y a plus ni suintement, ni rougeur du méat, ni démangeaisons. M. H... part le lendemain complètement guéri.

OBSERVATION XXIII. — *Blennorrhagie.* — M. P..., trente-huit ans, tempérament lymphatique, arrivé à Aulus, le 25 août 1879. Blennorrhagie datant d'un an, n'ayant jamais occasionné de douleurs vives, aussi le traitement a-t-il été assez irrégulier. Un mois auparavant, M. P... se croyait guéri, lorsque, à la suite d'excès de table et de coït, l'écoulement revint épais, jaune, verdâtre, avec douleurs assez vives en urinant. Traitement insignifiant, régime peu régulier ; à l'arrivée je constate que l'écoulement est médiocrement abondant, mais assez épais, et de couleur jaune. Légère douleur en urinant, mais sans ténesme, pas d'érections nocturnes, état général assez satisfaisant. Constipation habituelle.

Je prescris quatre à six demi-verres (source Darmagnac), en débutant, augmenter d'un verre par jour, grand bain minéral à 35°, régime sévère.

Le malade croyant être plus vite débarrassé de son affection double et triple les doses d'eau minérale, et me revient trois jours après avec une uréthrite. Muco-pus très épais, verdâtre, vives douleurs en urinant, sensation de brûlure le long du canlar, érections douloureuses la nuit. Je fais interrompre immédiatement les eaux que je remplace par de la tisane de graine de lin ; continuer les bains minéraux. Trois jours après, tout était rentré dans l'ordre. Le traitement est alors recommencé aux doses ci-dessus et régulièrement continué pendant dix jours, à cette date, il n'y avait qu'un suintement blanchâtre. M. P... ayant de bonnes raisons pour ne pas vouloir rentrer chez lui sans être absolument guéri me prie d'enlever ce suintement. Je lui ordonne une forte dose de copahu pendant deux jours ; le troisième, à la grande satisfaction du malade, le canal était sec, la guérison était complète.

Départ le 14 septembre.

OBSERVATION XXIV. — *Blennorrhagie.* — *Prostatite subaiguë.* —
M. O..., vingt ans (Espagne), tempérament lymphatique, vient
pour la deuxième fois à Aulus, le 29 août 1879. En 1878 il avait
fait sous ma direction une cure pour une blennorrhagie rebelle,
datant de huit mois, avec écoulement assez considérable de muco-
pus jaunâtre, et légères douleurs après la miction ; au bout de
dix jours, le traitement avait produit une si grande amélioration
que ce malade quittait la station avec un très léger écoulement
blanchâtre qui disparaissait complètement cinq ou six jours après,
sous l'influence de deux ou trois injections astringentes. Le
1er juillet 1879, nouvelle blennorrhagie beaucoup plus aiguë que
la première et qui, à ce qu'affirme M. O... se compliqua bientôt de
prostatite, avec miction très difficile, fréquentes envies d'uriner,
douleur dans les lombes et au périnée, fièvre, amaigrissement
(application réitérée d'un grand nombre de sangsues, bains
tièdes, purgations répétées).

A son arrivée, je trouve M. A... pâle, affaibli, sans appétit.
Quoiqu'il y ait une amélioration considérable dans son état, il y
a encore de fréquentes envies d'uriner (quatorze ou quinze fois
le jour, trois fois la nuit), la miction est douloureuse. Il y a un
sentiment de pesanteur incommode au fondement qui rend la
marche pénible. La nuit, érections douloureuses et fréquentes.
Constipation rebelle, écoulement très considérable de muco-pus
verdâtre. Par le toucher rectal, je constate que les deux lobes la-
téraux de la prostate sont très sensibles à la pression. Le lobe
droit est en outre d'un volume notablement supérieur au lobe
gauche. Comme le jet de l'urine est moins large que d'habitude,
et qu'il sort en tournoyant, je propose le cathétérisme que le
malade refuse énergiquement, craignant qu'il ne ramène l'état
aigu.

Prescription. — Débuter le matin par quatre demi-verres d'eau
(source Darmagnac), deux demi-verres le soir, augmenter de
deux demi-verres tous les jours jusqu'à dix demi-verres. Un
grand bain minéral à 35°. Tous les soirs en se couchant, une pi-
lule de camphre et d'extrait gommeux d'opium, marcher le
moins possible, régime doux et léger.

6 août. — Amélioration graduelle de tous les symptômes. Écoulement moins abondant, moins épais et moins foncé en couleur,
miction à peine douloureuse, érections moins fréquentes, jet de
l'urine plus large. La constipation est remplacée par deux ou trois
garde-robes journalières, l'appétit est trop vif et demande à être
modéré, marche plus facile.

Élever la dose de l'eau minérale à sept verres le matin, continuer les bains, régime *ut supra*.

Le 16 août, jour du départ, très léger écoulement blanchâtre, disparition du ténesme et de la douleur pendant ou après la miction, érections nocturnes à peine douloureuses. Le jet de l'urine a presque sa largeur normale, et ne tournoie un peu qu'au début de la miction. Le lobe gauche de la prostate n'est plus sensible à la pression. Le droit a diminué de volume, mais il est encore un peu douloureux. Les urines, qui étaient troubles au début, sont maintenant claires et transparentes et ne contiennent plus que quelques filaments blancs. Nul doute que si M. A... pouvait rester quinze jours de plus à Aulus sa guérison ne fût complète.

A notre grand regret, nous n'avons reçu aucune nouvelle de cet intéressant malade depuis son départ.

Observation XXV. — *Névralgie de l'urèthre.* — M. S... trente ans, tempérament nervoso-bilieux, bonne constitution. Arrivé à Aulus le 3 septembre 1879, vient me consulter pour ce qu'il croit être une blennorrhagie datant de cinq mois et ayant été caractérisée par un écoulement muqueux à peine appréciable, sans douleur en urinant, sans érections douloureuses, sans pissement de sang. Il ressent depuis le début une douleur quelquefois vive, revenant par exacerbations, parcourant la longueur de l'urèthre, mais le plus souvent fixée vers la partie moyenne de la verge avec irradations dans les aines. Je sonde ce malade et je ne trouve au point douloureux ni induration, ni nodosité, ni rétrécissement. En dehors des accès il urine à plein canal et pas plus souvent qu'à l'ordinaire. M. S... craignant de communiquer sa maladie s'est soigneusement abstenu de rapports sexuels, aussi a-t-il quelquefois des pollutions nocturnes qui l'effrayent ; pâle, névrosique, affaibli, excessivement préoccupé de son état, ce malade ressemble beaucoup à un de ces *délirants uréthraux* pour qui le moindre symptôme douloureux des organes urinaires est le signe d'une affection mortelle. Ajoutons qu'il a eu des douleurs aux épaules et le long du nerf sciatique, qu'il ne ressent plus depuis qu'il souffre du canal. Je le rassure de mon mieux en lui disant qu'il est affecté d'une simple névralgie facilement curable. Je constate que l'écoulement dont il se plaint consiste seulement en un suintement muqueux, incolore, transparent, évidemment sympathique des accidents névralgiques au même titre que l'injection de l'œil et le larmoiement dans la névralgie trifaciale. J'ordonne des frictions belladonées camphrées sur le trajet du canal de l'urèthre, la source Bacque à la dose de trois à six verres, unbain quotidien à 34°.

10 septembre. — Sous l'influence du traitement, urines abondantes et claires, deux garde-robes tous les matins. Suintement uréthral imperceptible, appétit et sommeil meilleurs. Les irradiations douloureuses des aines ont disparu, mais il y a encore de temps en temps de la douleur dans le canal à 1 centimètre derrière le gland. Continuer le liniment calmant et le traitement *ut supra.*

15 septembre. — M. S... quitte Aulus, le moral raffermi, car depuis deux jours il n'a ressenti que deux ou trois élancements passagers.

Nous pourrions encore citer un assez grand nombre d'observations concernant les blennorrhées (goutte militaire) compliquées ou non de rétrécissement, d'engorgement de la prostate, ou d'inflammation chronique du col vésical. Ce n'est certes pas la matière qui nous ferait défaut, mais comme nous ne voulons pas donner à ce chapitre les développements d'une monographie, nous préférons résumer en quelques lignes les indications et les contre-indications des eaux d'Aulus dans ces affections.

Les bons effets des eaux d'Aulus, dans le traitement des affections des voies urinaires, trouvent leur explication dans les phénomènes suivants :

1° Pour le rein, lavage, irrigation prolongée, pression sanguine plus considérable, partant circulation plus énergique, activité physiologique portée à son summum d'intensité. Conséquence : expulsion des concrétions de toute nature et des diverses sécrétions pathologiques. Retour moins fréquent de ces accidents, dû à la persistance de cette activité physiologique.

2° Pour l'uretère, la vessie et l'urèthre, lavage incessant par l'eau minérale qui, en entraînant au dehors les sécrétions à proportion qu'elles se forment, déterge la muqueuse et la rend plus apte à une modification ultérieure.

3° **Effet commun à tous les organes urinaires.** Excitation plus ou moins forte, irritation substitutive de la muqueuse de ces organes, qui a ordinairement pour résultat de tarir les sécrétions pathologiques en faisant disparaître les inflammations chroniques qui les occasionnent.

Est-ce à dire que les eaux d'Aulus réussissent toujours à améliorer ou à guérir les maladies qui nous occupent? Nous nous garderons bien de l'affirmer, car les faits nous donneraient bien vite un démenti.

Ainsi, nous n'en avons retiré aucun profit dans un cas d'hypertrophie ancienne de la prostate. Nous avons dû les suspendre définitivement chez deux ou trois malades affectés soit de cystite avec spasmes violents, soit de rétrécissements inflammatoires. Leur effet a été souvent nul ou peu marqué, sur de vieilles blennorrhées circonscrites dans des parties du canal profondément indurées et notablement rétrécies. En revanche nous avons guéri ou amélioré des blennorrhées en ramenant l'affection à l'état aigu.

Nous avons pu faire disparaître quelques rétrécissements récents, sub-inflammatoires, superficiels, et paraissant uniquement constitués par une phlogose circonscrite avec épaississement de la muqueuse.

En résumé, nos eaux paraissent n'intéresser que la muqueuse des voies urinaires, et leur action doit être problématique sur les tissus sous-jacents ou parenchymateux.

Les eaux d'Aulus sont formellement contre-indiquées dans toutes les affections aiguës des organes urinaires, sauf dans l'uréthrite simple, où administrées avec prudence elles peuvent rendre de grands services, comme on l'a vu dans une des observations précédentes. Ingérées sans discernement ou à des doses trop élevées, elles peuvent occasionner des accidents tels que : spasmes, inflammations aiguës, rétention d'urine.

Nous avons, en 1878, donné nos soins à un jeune homme qui, venu à Aulus pour une légère cystite blennorrhagique, eut l'imprudence de boire tous les matins quatorze ou quinze verres d'eau minérale, et qui au bout de six jours fut atteint d'une néphrite avec exaspération de la cystite.

Dans un autre cas il nous a été impossible de sonder un malade qui vit survenir une cystite avec spasme du col, pour avoir voulu, à l'aide de fortes doses d'eau, expulser trop rapidement des sables uriques qui se montraient depuis deux ou trois jours dans ses urines. Il fallut recourir aux bains émollients, aux cataplasmes, à l'hyosciamine.

L'an dernier, un vieillard affecté d'une légère paralysie de la vessie avec incontinence, voulut boire les eaux sans direction médicale, le surlendemain il avait une rétention d'urine complète. Je fus obligé de le sonder cinq jours de suite, après quoi je le renvoyai chez lui avec une sonde en caoutchouc à demeure dans la vessie.

L'accident arrivé au sujet de l'observation XVIII nous prouve qu'en prenant de fortes doses d'eau, surtout au début, on provoque des coliques néphrétiques qu'on aurait pu éviter avec de la prudence ou les conseils de l'homme de l'art.

Espérons que ces quelques exemples ne seront pas inutiles à certains imprudents qui ont une confiance exagérée dans l'innocuité des eaux d'Aulus.

CHAPITRE IV

AFFECTIONS CONSTITUTIONNELLES.

Arthritisme (goutte, rhumatisme). — Grâce à quelques
cures retentissantes et aux bons effets habituels des eaux
d'Aulus dans les affections arthritiques, cette catégorie de
malades, naguère fort restreinte, augmente tous les ans,
dans des proportions marquées. D'un autre côté, les progrès de l'école moderne dans la connaissance des maladies
chroniques tendent sans cesse à diminuer le nombre des
névroses essentielles et à élargir le cadre symptomatique
des diathèses en général, de l'arthritisme en particulier.
Le chiffre croissant des malades et l'importance du sujet
nous imposent donc à la fois, le devoir d'apporter la plus
sérieuse attention à l'étude de l'action de nos eaux dans
cet état morbide constitutionnel, ainsi que la plus grande
réserve dans l'appréciation de leurs effets. Aussi nous
bornerons-nous à citer un petit nombre d'observations qui,
ajoutées à celles qui figurent sur le même sujet au chapitre
des dyspepsies et complétées par les renseignements que
nous tenons de source autorisée, nous permettront d'offrir
au lecteur, sinon un tableau complet, du moins une
esquisse générale de ce vaste sujet.

OBSERVATION XXVI. — *Goutte acquise avec cystite chronique et
engorgement de la prostate.* — M. B..., des environs de Paris, trente-
six ans, tempérament sanguin, très forte constitution, a fait de
nombreux excès de jeunesse, surtout des excès alcooliques, adonné
à la bonne chère, il ne fait pas un exercice suffisant pour utiliser
tous les matériaux de la nutrition. Il y a sept ans, à la suite de
blennorrhagies répétées, il fut atteint d'une cystite avec envies

fréquentes d'uriner, pesanteur à la région hypogastrique, douleur et difficulté de la miction, urines épaisses muco-purulentes. Cette affection qui, vu la forte constitution de M. B..., aurait facilement cédé aux moyens appropriés, s'aggrava et passa à l'état chronique, à cause de la persistance des habitudes alcooliques. Les envies d'uriner devinrent de plus en plus fréquentes, au point que le malade était obligé de se lever la nuit, toutes les demi-heures ; heureux quand il pouvait satisfaire son besoin.

Quatre saisons consécutives à Contrexéville, n'apportèrent aucune modification à cet état morbide, qui se compliqua bientôt d'un engorgement de la prostate et par conséquent d'un surcroît de souffrances. Pour comble de malheur, en 1877, de violents accès de goutte vinrent aggraver cette douloureuse situation ; en 1878, deux nouveaux accès qui tiennent chacun le malade au lit pendant près d'un mois. Un de mes honorables confrères de Paris, M. le Dr Lexcellent, ayant remarqué chez M. B... les bons effets de l'eau d'Aulus, prise à domicile, lui ordonne une cure à Aulus même. Arrivé le 10 juillet 1878, M. B... nous présente l'état suivant : léger amaigrissement, forces diminuées, roideur douloureuse en marchant, dans les articulations du pied, surtout celles des gros orteils qui sont un peu rouges et plus volumineuses qu'à l'état normal, pesanteur à la région vésicale, miction lente et difficile, au lever surtout. Le malade ne peut uriner qu'accroupi, et se lève huit ou dix fois la nuit. Ses urines sont troubles et laissent déposer au fond du vase une couche épaisse de matières muco-purulentes ; au contact de l'air elles acquièrent rapidement une odeur ammoniacale. Elles contiennent du phosphate ammoniaco-magnésien. J'ordonne la source Bacque, à la dose de trois à six verres progressivement, quatre le matin, deux le soir. Je défends les bains dont je redoute l'action perturbatrice, je proscris le vin pur, les boissons alcooliques et les aliments excitants.

M. B... ne tenant nul compte de mes prescriptions, boit de l'eau en abondance, se baigne et n'apporte aucun changement à ses mauvaises habitudes. Il fait si bien, que le 20 juillet il est pris d'un accès de goutte qui se fixe sur le gros orteil et le cou-de-pied droit, quatre jours après le pied gauche se prend à son tour. Cet accès médiocrement intense, d'ailleurs, se complique de dysurie, au bout de sept jours l'orage était calmé ; le malade avait pendant toute la durée de son accès, bu une petite quantité d'eau minérale qui, assurait-il, lui était fort utile pour uriner. Le 27 il recommence son traitement, à la dose journalière de trois ou quatre verres. Diurèse abondante, miction facile, départ le 4 août.

A cette date les urines sont moins troubles, et ne contiennent qu'une petite quantité de mucus le matin, l'odeur ammoniacale a disparu, ainsi que la pesanteur hypogastrique. Le malade ne se lève plus la nuit pour uriner, les pieds sont encore un peu gonflés, les gros orteils rouges et sensibles à la pression.

Revenu à Aulus le 7 juillet 1879, M. B... me raconte que depuis sa cure de l'an passé, sa santé a été incomparablement meilleure, et cependant il avoue n'avoir que légèrement modifié les vices de son hygiène. Pour tout traitement il a pris de temps en temps de l'eau d'Aulus, à domicile, et s'est quelquefois sondé pour combattre l'engorgement de la prostaste. Le seul accès de goutte qu'il ait eu cette année ne l'a forcé à s'aliter que deux jours. L'état général est parfait. Du côté des organes urinaires, nous avons à noter les phénomènes suivants : un peu de pesanteur à la région vésicale, le matin au lever, assez souvent lenteur et difficulté de la miction, surtout par les temps froids et humides. Ces derniers phénomènes doivent être exclusivement rapportés à l'engorgement prostatique; car les urines sont acides, et quoique un peu troubles, ne contiennent qu'une petite quantité de mucus. Traitées par l'acide chlorhydrique au trentième elles déposent au bout de vingt quatre heures d'assez nombreux cristaux d'acide urique.

M. B... a pris pendant vingt jours l'eau de la source Bacque, à la dose moyenne de six à huit verres. Sur mes instances il a notablement corrigé les erreurs de son régime, aussi sa cure s'est-elle passée sans le moindre incident fâcheux. Les divers symptômes, que nous avons enregistrés du côté des voies urinaires, se sont rapidement améliorés. L'urine est claire comme l'eau de roche et ne contient plus de mucus ni d'acide urique. Il ne reste au départ qu'un léger engorgement prostatique qui nécessitera quelque temps encore l'usage des bougies dilatatrices.

Cette observation se passe de commentaires chez M. B..., les eaux d'Aulus, à l'exclusion de toute autre médication, ont amené une rapide amélioration, aussi bien des phénomènes critiques de la diathèse goutteuse que des lésions vésicales et prostatiques, et nul doute que ce malade ne parvînt à se débarrasser entièrement de sa goutte acquise, s'il se décidait à rompre pour toujours avec ses mauvaises habitudes hygiéniques.

Il n'est pas rare que les goutteux, pendant leur traitement, voient apparaître une recrudescence de leurs douleurs habituelles et même quelquefois un accès de goutte. Ces incidents toujours fâcheux ne doivent pas être imputés à nos eaux, mais à l'imprudence des malades qui boivent sans règle et sans mesure, se baignent parfois, mangent trop généralement et n'observent pas toujours les préceptes de l'hygiène, qui doivent être ici plus rigoureux qu'ailleurs. De plus, ils nous arrivent quelquefois sous l'imminence d'un accès de goutte, ou bien à peine guéris d'un accès antérieur. Quoi d'étonnant à ce que, dans ces conditions, les eaux minérales amènent l'explosion d'accidents qu'il faudrait éviter à tout prix, en un pareil moment?

Que les goutteux sachent bien que la meilleure époque pour leur cure à Aulus, comme ailleurs, est celle qui est la plus éloignée possible, et de l'accès passé et de l'accès à venir ; qu'ils sachent, en outre, que notre eau doit être bue à petites doses régulièrement fractionnées, et que s'il est un traitement qui réclame une surveillance active et intelligente du médecin, c'est à coup sûr celui-là. Les bains doivent surtout être sévèrement proscrits, le régime doux et rafraîchissant.

Ce que nous disons de la goutte doit également s'appliquer au rhumatisme chronique et à l'arthritisme, cette généralisation morbide qui peut devenir soit la goutte, soit le rhumatisme, suivant le tempérament des sujets, leur position sociale et leurs habitudes hygiéniques.

OBSERVATION XXVII. — *Rhumatisme, syphilis, cystite blennorrhagique.* — M. L..., Marseille est âgé de vingt-trois ans, d'une bonne constitution, d'un tempérament sanguin. Arrivé à Aulus le 28 juin 1878, ce jeune homme me raconte qu'il a eu, en 1874, un chancre induré suivi d'adénopathie inguinale et cervicale, plus tard des plaques muqueuses à la gorge et à l'anus, des croûtes dans les cheveux, accompagnées d'alopécie. Il a suivi pendant longtemps un traitement régulier, par la liqueur de Van Swieten d'abord, ensuite par l'iodure de potassium et diverses préparations dépuratives. En 1876, il n'avait plus le moindre symptôme de syphilis, lorsqu'il fut atteint d'un rhumatisme articulaire aigu généralisé, qui le cloua dans son lit pendant deux mois. Première cure à Dax au mois de juillet 1876, quatre mois après le rhumatisme; deuxième saison en juillet 1877; troisième saison au mois d'octobre de la même année.

Tous ces traitements n'ont pas empêché un retour offensif du rhumatisme, qui s'est fixé à la région plantaire et au gros orteil droit; cette attaque a eu lieu à la fin de 1877. Vers la même époque recrudescence des accidents secondaires de la syphilis. Le cuir chevelu devient le siège de larges papules disposées en cercle ou en corymbe, qui se recouvrent de croûtes d'abord humides, puis sèches (syphilide papulo croûteuse), les cheveux tombent à foison. Le malade effrayé, recommence bien vite le traitement spécifique. Au mois de mars 1878, nouvel épisode pathologique. M. L... a contracté une blennorrhagie qui a duré deux mois, a donné lieu à une cystite avec hématurie, douleur vive dans la région hypogastrique, envies fréquentes d'uriner et parfois impossibilité de les satisfaire, ce qui a nécessité à plusieurs reprises l'usage de la sonde.

État actuel. — Les syphilides du cuir chevelu existent toujours; restes d'angine syphilitique et d'adénopathie cervicale légère, endocardite rhumatismale caractérisée par un peu de rudesse au premier temps des bruits du cœur; la moindre fatigue occasionne de l'essoufflement et des palpitations : du reste le malade ne peut faire qu'une courte promenade, à cause de la douleur qu'il ressent au gros orteil droit, qui est actuellement gonflé, rouge et très sensible à la pression au niveau de l'articulation métatarso-phalangienne.

M. L... a des envies d'uriner assez fréquentes, avec difficulté de la miction, l'urine sort en tire-bouchon (léger rétrécissement du canal de l'urèthre), l'urine de la nuit laisse apercevoir au fond du vase un dépôt muqueux, abondant; l'odeur de cette urine d'abord fade, devient bientôt ammoniacale, ce qui prouve qu'une certaine portion d'urée, au contact de l'air et du mucus, s'est transformée en carbonate d'ammoniaque.

Prescription. — Tous les matins, boire de dix minutes en dix minutes, un verre d'eau (source Darmagnac) jusqu'à concurrence de quatre verres, augmenter d'un verre tous les jours jusqu'à huit. Le soir, un grand bain minéral à 34°, précédé et suivi d'un verre de la même source.

4 juillet. — Sous l'influence des eaux, selles copieuses, effet diurétique marqué. Le pharynx est moins enflammé, le gros orteil moins douloureux et moins gonflé. M. L..., fait déjà de petites promenades sans l'aide de sa canne, la miction est plus facile, les urines moins épaisses.

10 juillet. — Appétit très vif, digestions bonnes, sommeil excellent. Tous les matins, l'eau donne lieu à trois ou quatre garde-robes abondantes et liquides. Les bains procurent un sentiment très appréciable de force et de bien-être, le dépôt muqueux des urines a diminué de moitié, le gros orteil est à peine douloureux.

21 juillet. — Les syphilides du cuir chevelu sont en pleine voie de guérison; les papules s'affaissent et n'offrent plus ni croûtes ni squames. Leur coloration, primitivement d'un rouge sombre, n'est plus que rosée, plusieurs papules sont même remplacées par des taches fauves qui vont pâlissant de plus en plus, l'angine syphilitique a disparu, les articulations du pied droit reprennent leur souplesse, il y a moins de rudesse au premier temps des bruits du cœur, et M. L... a pu, hier, faire une longue excursion sans ressentir ni douleur, ni fatigue, ni essoufflement. Ses urines sont claires, sans odeur forte et sans dépôt muqueux, la miction est facile, le jet de l'urine plus large. Départ le 22 juillet.

Le 4 janvier 1879, M. L... m'a écrit que quinze jours après son départ d'Aulus, il chassait du matin au soir sans fatigue et sans douleur; à cette date, il n'avait rien ressenti et sa santé était parfaite.

Voilà, certes, une observation bien faite pour mettre en relief la puissance et la diversité d'action des eaux d'Aulus. Le même malade est porteur de trois affections chroniques, sans aucun lien de parenté, et cependant toutes sont favorablement influencées par le traitement thermal. Les manifestations syphilitiques disparaissent et l'eau d'Aulus achève ce que les spécifiques avaient commencé. La cystite cède à son tour au lavage incessant des voies urinaires par l'eau minérale et à son action substitutive. Enfin la diathèse rhumatismale subit une heureuse modification qui se traduit par la disparition des phénomènes arthritiques et, fait plus rare, par le retour à l'état normal des fonctions du cœur; la lésion cardiaque était très légère, il est vrai, puisqu'il n'y avait qu'un peu de rudesse au premier temps, sans bruit de souffle; elle était cependant assez prononcée pour amener un trouble fonctionnel de l'organe, qui n'est que trop souvent l'avant-coureur d'une affection organique incurable.

OBSERVATION XXVIII. — *Diathèse arthritique, asthme et diarrhée symptomatiques.* — M. B..., quarante-deux ans, tempérament lymphatico-sanguin, constitution un peu chétive, arrivé à Aulus le 10 août 1879, a eu en 1870 un rhumatisme articulaire aigu, à la suite duquel il a éprouvé de l'oppression, des palpitations, de l'essoufflement, depuis deux ans, s'enrhume facilement. Ces bronchites répétées lui ont laissé une toux plus marquée la nuit, se traduisant le matin par l'expectoration de crachats muqueux; digestions habituellement lourdes, difficiles, avec ballonnement de l'abdomen et selles diarrhéiques après le repas (diarrhée arthritique); eczéma des bourses et du périnée, revenant tous les ans et durant cinq à six mois. Père mort d'une affection du cœur.

Etat actuel. — Symptômes secondaires de la syphilis accusés, par un psoriasis spécifique à la paume de chaque main. Nulle trace actuelle d'eczéma. Engouement chronique à la base des deux poumons avec diminution du murmure vésiculaire et râles sous-crépitants nombreux, bruit de souffle au second temps et à la pointe du cœur, plus marqué au niveau de l'appendice xyphoïde qu'à la région du mamelon (insuffisance de la valvule tricuspide), langue légèrement saburrale, digestions plus difficiles depuis quelques jours; diarrhée plus forte après le repas. Sommeil pénible, dérangé par des accès d'étouffement qui obligent le malade à se tenir sur son séant, pas d'infiltration, pouls régulier.

J'ordonne de quatre à huit demi-verres (source Darmagnac), le matin, deux demi-verres le soir; pas de bains.

20 août. — L'eau minérale bien tolérée a donné lieu à deux selles tous les matins et à une diurèse assez marquée. Améliora-

tion graduelle de tous les symptômes. Sommeil meileur, moins d'oppression nocturne, toux plus faible, expectoration à peine marquée, moins de râles sous-crépitants et circulation pulmonaire meilleure, disparition de la diarrhée après le repas, appétit assez vif, digestions bonnes.

Continuation du même traitement.

1er septembre. — M. B.... a élevé la dose de l'eau minérale à six verres le matin, deux le soir, il digère et dort bien, sans diarrhée et sans étouffements la nuit. Je constate que malgré, la persistance du bruit de souffle au cœur, la circulation pulmonaire se fait bien, il n'y a plus que quelques râles sous-crépitants à la base des poumons. Le psoriasis syphilitique est à peine visible. En revanche, sous l'influence des eaux, l'eczéma a reparu, il y a cinq à six jours et donne lieu à quelques picotements accompagnés de cuisson et de légères démangeaisons.

Ce qui m'a le plus frappé dans cette observation, c'est la rapidité avec laquelle les lésions bronchiques se sont amendées ainsi que l'oppression habituelle, et les accès d'asthme la nuit. On ne peut pas invoquer l'action directe des eaux d'Aulus sur les organes de la respiration, elle est absolument nulle. Ces effets nous paraissent devoir être rapportés à leur action dérivative et régulatrice de la circulation abdominale.

Nous avons, du reste, eu l'occasion de constater le même phénomène chez un autre arthritique, M. L... de Dax (Landes), atteint de catarrhe chronique des bronches avec léger emphysème. Sous l'influence des eaux d'Aulus, il vit progressivement diminuer la toux, l'expectoration et les accès d'oppression nocturne.

M. B... négociant de Bordeaux, soixante-dix ans, après avoir éprouvé divers symptômes arthritiques, fut atteint il y a une douzaine d'années, d'un rhumatisme de l'épaule qui résista dix-huit mois aux médications les plus variées. Aussitôt après sa disparition, survinrent des migraines atroces revenant toutes les semaines et durant quelquefois trois jours. Deux saisons à Aulus suffirent pour le débarrasser entièrement. M. B..., qui revient tous les ans par reconnaissance, me racontait l'été dernier, que depuis six ou sept ans, il n'avait ressenti aucune douleur rhumatismale ou névralgique.

M. C... (Aveyron), quarante-cinq ans, était sujet à des accès de goutte qui, tous les six mois environ, le retenaient au lit trois à quatre semaines. Deux saisons à Aulus ont tellement corrigé la diathèse qu'il n'a pas eu d'accès depuis cinq ans.

Mme S... (Bordeaux), quarante-six ans, fille de goutteux, souffrait depuis dix ans de violentes migraines arthritiques : venue à Aulus il y a six ans, elle a vu sa névralgie crânienne diminuer dans une notable proportion, après une première saison ; une deuxième cure a complètement guéri l'affection.

De l'ensemble de ces renseignements et observations, il résulte que les eaux d'Aulus ont le pouvoir d'atténuer souvent, de faire disparaître quelquefois les phénomènes symptomatiques de l'arthritis, tels que dyspepsies variées, produits uriques ou hépatiques, accès de goutte, rhumatismes (1), névralgies diverses. Cela étant, il est permis de supposer qu'elles ont une action sur la cause primordiale, l'essence même de la diathèse, et l'on peut croire que, tout en excitant les diverses sécrétions, elles les modifient dans un sens plus favorable à la nutrition, et qu'elles corrigent ainsi ce vice, cette erreur de l'assimilation, qui s'oppose à une combustion complète des principes albuminoïdes. Leur indication est surtout formelle chez les arthritiques, qui sont en même temps graveleux, hémorrhoï-

____

(1) Il n'est question ici que du rhumatisme diathésique ; le rhumatisme banal, l'arthrite chronique, trouveront dans l'emploi des eaux sulfurées ou chlorurées sodiques à haute thermalité, une médication plus rationnelle et autrement efficace.

daires, constipés, et offrent de la dyspepsie acide ou flatulente avec tendance congestive vers le cerveau après le repas.

Herpétisme. — Aux yeux du public et de la grande majorité des médecins du midi de la France, l'emploi des eaux d'Aulus constitue une médication essentiellement dépurative (1). On sait l'usage abusif que faisaient nos devanciers des diurétiques et surtout des purgatifs, dans le but de débarrasser le sang des *humeurs peccantes*, des *vices*, des *âcres*, en les poussant violemment vers les émonctoires naturels. Le juste oubli dans lequel sont tombées les doctrines humorales n'a pas eu, cependant, pour résultat l'abandon des diurétiques et des purgatifs, comme médication antiherpétique; Devergie, Bazin, Hardy vantent leurs bons effets dans des ouvrages devenus classiques et trouvent à chaque pas l'indication de leur emploi dans les formes symptomatiques si variées de la *dartre*. Tous les praticiens ont suivi cet exemple, et l'usage des purgatifs doux associés aux tisanes dépuratives (chicorée, patience, fumeterre, pensée sauvage) est devenu banal. Or, tout le monde sait que ces plantes doivent leur action au nitrate

(1) Ce mot *dépuratif*, si en honneur à l'époque où florissaient les doctrines humorales, n'a plus aujourd'hui une signification bien précise, et à propos de ma dernière publication sur Aulus, on m'a assez vivement reproché de l'avoir employé. Je reconnais que ce terme est vague, élastique, peu conforme à la rigueur scientifique de la nouvelle école : le mot *altérant* convient-il mieux? Fonssagrives le trouve impropre. Dire que nos eaux sont dans tous les cas, éliminatrices ou spoliatives, c'est aller au-delà de la vérité, car nous savons bien que dans la diathèse urique elles éliminent la gravelle, les calculs, et qu'elles font disparaître l'acide urique des urines, mais nous ignorons ce qu'elles pourraient bien éliminer dans le rhumatisme, la syphilis ou l'herpétisme. Nous sommes dans l'ignorance la plus complète au sujet de la nature intime et du siège des principes diathésiques, et le sang d'un syphilitique ou d'un herpétique n'a rien qui le différencie actuellement pour nous, du sang d'un homme sain. Je ne vois donc pas l'avantage qu'il y a à supprimer le mot *dépuratif*, tant qu'on ne l'a pas remplacé par un meilleur.

de potasse et quelques autres sels alcalins qui agissent
comme diurétiques.

Nos lecteurs n'ignorent pas que les eaux d'Aulus constituent un excellent stimulant des sécrétions urinaire
et intestinale; par leur emploi on obtient donc une action
altérante spoliative qui, en favorisant les échanges nutritifs,
en activant la désassimilation, peut à la longue opérer la
rénovation des tissus, et tempérer dans une certaine mesure l'influence morbide jusqu'ici voilée à nos yeux qui
constitue la diathèse dartreuse.

On voit, par ces quelques lignes, que nous ne faisons pas
des eaux d'Aulus un spécifique de la dartre, pas plus que
nous ne l'avons fait pour l'arthritis, pas plus que nous ne
le ferons pour la syphilis. Seulement nous pensons que
leur action altérante légitime leur emploi dans les affections constitutionnelles en général.

Les quelques observations que nous allons citer, et les
réflexions qui les accompagneront édifieront suffisamment
les praticiens sur le parti qu'on peut en tirer dans le traitement de certaines dermatoses.

OBSERVATION XXIX. — *Eczéma herpétique.* — Mlle A... (Ariège),
cinq ans, arrivée à Aulus le 9 juillet 1878. Sa mère me raconte
que, trois mois après sa naissance, son enfant a eu la tête et le
visage couverts de croûtes jaunâtres et épaisses, qui, sous l'influence de grattages répétés, devenaient noires et donnaient au
visage un aspect repoussant (eczéma impétigineux). Les régions
ci-dessus n'ont pas été seules atteintes, les flancs, l'abdomen ont
été le siège d'une éruption analogue. Depuis cette époque, malgré tous les traitements employés, malgré les soins les plus
minutieux et une hygiène irréprochable, cette affection a persisté avec une ténacité désespérante, disparaissant du cuir chevelu pour se porter sur l'abdomen et *vice versa*, mais n'abandonnant jamais le visage, et surtout les deux joues. Tous les trois
mois environ, il arrivait une *poussée aiguë*, les croûtes devenaient
plus étendues, plus épaisses, s'accompagnant de démangeaison

insupportables, puis tombaient pour faire place à des croutelles brunes, séparées par de légères squames grisâtres (eczéma sec). C'est dans ces dernières conditions que la petite malade arrive à Aulus.

Etat actuel. — Cette enfant est maigrelette, nerveuse, et n'offre aucun des signes extérieurs de la scrofule ou du lymphatisme. Le nez est mince, les lèvres fines, le ventre souple et nullement proéminent. Elle n'a jamais eu ni ganglions cervicaux engorgés, ni croûtes dans le nez, ni affection oculaire, ni catarrhe des oreilles, pas d'affection constitutionnelle chez les ascendants, sauf quelques légers accidents goutteux chez le grand-père maternel. Au niveau des deux joues, la peau est d'un rouge sombre, rugueuse, épaissie, parsemée de légères croûtes brunes, séparées par des squames sèches. Démangeaisons assez vives qui, par les grattages qu'elles occasionnent, ont déterminé la présence de papules saillantes recouvertes à leur sommet d'un peu de sang coagulé.

D'après ces différents signes, je porte le diagnostic suivant : *eczéma sec chronique, de nature herpétique.*

Prescription. — Deux demi-verres (source Darmagnac) le matin, un demi-verre le soir, augmenter tous les jours d'un demi-verre jusqu'à quatre demi-verres le matin, deux demi-verres le soir, grand bain minéral à 3$8^\circ$, de vingt-cinq minutes de durée. Laver plusieurs fois le visage avec l'eau du bain.

Ce traitement est régulièrement suivi et très bien supporté pendant quinze jours. Le 24 juillet, la coloration de la peau des joues est presque normale, il n'y a plus ni croûtes, ni squames ; la peau, quoique un peu rugueuse encore, tend à reprendre sa souplesse ordinaire ; elle offre çà et là quelques papules très petites. La démangeaison est nulle, l'état général parfait.

Au 1er septembre de la même année, Mme A... ramène son enfant pour lui faire suivre une seconde cure de quinze jours, et m'annonce que depuis la fin de juillet, il n'y a pas eu la moindre poussée eczémateuse, la peau n'est plus épaisse ni rugueuse, sa couleur est normale.

En juillet 1879, j'ai revu ma petite malade, qui faisait une cure de reconnaissance, car depuis l'année précédente, il n'y avait pas eu la moindre poussée et la guérison était parfaite.

OBSERVATION XXX. — *Urticaire papuleuse chronique.* — M. G... (Bordeaux), trente-huit ans, adressé par le docteur Puydebat, arrive d'Aulus le 11 juillet 1879. Tempérament bilioso-nerveux, bonne

constitution, brun, maigre, sec; a habité les colonies et n'y a
jamais eu de maladie grave, ce qu'il attribue à sa sobriété habituelle; n'a jamais eu antérieurement de manifestation herpétique,
ni syphilis, ni rhumatisme, est affecté depuis trois ans et demi
d'une éruption caractérisée par la présence sur tout le corps de
disques irrégulièrement arrondis, entourés d'une auréole d'un
rose vif avec décoloration de la peau au centre. A côté de ces
disques de la largeur d'une pièce de cinquante centimes, on voit
de grosses papules à sommet décoloré et à aréole rouge, du
volume d'une lentille et même d'un pois, qui donnent sous le
doigt la sensation d'un petit noyau dur. Les disques sont quelquefois réunis au nombre de trois ou quatre et forment alors de
larges plaques faisant relief et séparées par des intervalles de
peau saine. Le jour, l'éruption est moins confluente, sans jamais
disparaître entièrement. Mais le soir, et surtout la nuit, elle se
généralise et donne lieu à des démangeaisons quelquefois d'une
violence extrême. Tous les huit ou dix jours il y a une poussée
qui se calme au bout de deux ou trois jours, mais sans que la
peau se débarrasse entièrement; nos lecteurs ont déjà reconnu à
ces signes l'urticaire papuleuse chronique. Cette affection, presque toujours symptomatique d'un trouble des voies digestives, ne
paraît pas avoir ici cette origine.

M. G... prétend avoir toujours eu des digestions régulières,
mais il avoue avoir longtemps fait usage d'aliments excitants et
de haut goût, habitude familière aux habitants des pays chauds.
Les bains sulfureux, les eaux sulfureuses de Puebla (Mexique),
les bains amidonnés ou alcalins, les purgatifs, l'arsenic, les tisanes
dépuratives n'ont amené aucun résultat.

1ᵉʳ août. — Sous l'influence des eaux d'Aulus (source Darmagnac) données à la dose progressive de six à douze verres, les
papules ont disparu peu à peu, les plaques d'urticaire sont devenues plus rares, l'auréole circulaire a pâli, la poussée nocturne
a diminué d'intensité, ainsi que les démangeaisons. Aujourd'hui
on ne trouve plus que quelques plaques arrondies, blanches à
leur centre, à peine rosées sur les bords, et ne formant plus de
relief sur la peau. Les démangeaisons, le sentiment d'ardeur et
de cuisson n'existent plus. L'appétit et le sommeil sont excellents.
M. G... part pour la Suisse le lendemain, plein de confiance dans
une guérison définitive.

Je lui ordonne un régime doux, léger, le petit-lait, des bains
amidonnés fréquents; s'abtenir de café, de liqueurs, de viandes
salées, de poisson, de crudités, de fraises et autres fruits, sauf les
pêches, les poires, les raisins mûrs.

Cette quasi-guérison se sera-t-elle maintenue ? Je l'ignore, car, malgré ma recommandation, ce malade ne m'a plus donné de ses nouvelles.

Nous pourrions enregistrer encore bon nombre d'observations, mais, obligé de nous borner, nous citerons quelques faits seulement et de la façon la plus concise.

1° Une jeune dame de Marseille, lymphatique, affaiblie, à antécédents strumeux, porte, depuis six mois, à la suite d'un accouchement, un impétigo sur le dos de la main gauche et les doigts, quelques croûtes sur les doigts de la main droite, un autre sur le sourcil droit. Après vingt-cinq jours de traitement par les eaux d'Aulus et le sirop d'iodure de fer, disparition des croûtes, diminution de la rougeur au niveau des surfaces malades, suintement léger, recrudescence après la cure, mais disparition définitive de l'affection dans le courant d'octobre dernier.

2° Un homme de soixante-quatre ans (Toulouse), éprouve depuis de longues années au périnée et à la région des bourses une démangeaison insupportable sans avoir jamais constaté dans cette région ni suintement, ni rougeur, ni inflammation. Antécédents syphilitiques disparus depuis longtemps et qui n'ont rien à voir avec cette affection ; je constate que la peau est plus épaisse qu'à l'état normal.

Il y a comme une hypertrophie papillaire du derme constituée par des surfaces entourées de sillons assez profonds, pas le moindre suintement. J'attribue cet épaississement aux grattages continuels, et je porte le diagnostic (prurigo sans papules). Sous l'influence du traitement, la démangeaison diminue à un tel point que ce malade se croit guéri. J'avoue que je ne partage pas son illusion.

3° Un jeune homme de Limoges arrive à Aulus porteur d'une acné hypertrophique avec eczéma pilaire (diagnostic du docteur Besnier à la consultation de l'hôpital Saint-Louis) : rougeur variqueuse intense du nez et des joues, croûtes jaunâtres minces sur toutes les régions du visage munies de poils, blépharite ciliaire chronique qui ne laisse presque plus de cils aux paupières. Nombreux antécédents strumeux. Traitement mixte par les eaux d'Aulus, les scarifications, l'épilation, et les applications amidonnées.

Excellent résultat. Au bout de vingt-cinq jours la coloration a pâli, l'acné a diminué de volume, il n'y a plus de croûtes aux parties atteintes où la peau a recouvré sa couleur normale, sauf à la lèvre supérieure encore un peu rouge et gonflée. Cette amélioration s'est maintenue jusqu'au mois de février dernier, époque où a eu lieu une nouvelle poussée d'eczéma, mais moins accentuée.

4° Un ancien député de l'Empire, hémorrhoïdaire et dyspeptique, est habituellement affecté après les repas, d'une rougeur érythémateuse, large comme la main et siégeant à la nuque et à la partie postérieure du cou, vient à Aulus depuis trois ou quatre ans, et se trouve admirablement de ses eaux qui font couler les hémorrhoïdes, régularisent les digestions et font disparaître la rougeur congestive du derme.

Acne. — Presque tous les cas d'acné que nous avons observés se rapportaient à la variété désignée sous le nom d'*Acné rosacea*. Cette désagréable affection était due tantôt à une hygiène vicieuse (abus des excitants et des alcooliques), à des troubles digestifs persistants avec constipation habituelle, tantôt à la suppression des hémorrhoïdes ou du flux menstruel.

Nous avons remarqué que, sous l'influence des eaux administrées à dose purgative, les taches congestives pâlissaient peu à peu, que les varicosités s'effaçaient et que l'injection générale du visage après le repas diminuait considérablement. Quant aux pustules ou aux tuberculo-pustules qui apparaissent à la seconde période de l'acné rosée, tout le monde sait que leur évolution est très lente, leur durée fort longue. Il n'est donc pas étonnant que, pendant le court séjour que font à Aulus les malades porteurs de cette affection, nous n'ayons pu constater des modifications appréciables, sauf l'atténuation dans la couleur de l'aréole congestive.

En résumé, les eaux d'Aulus sont particulièrement indiquées chez les acnéiques hémorrhoïdaires, dyspeptiques, constipés, avec congestion de la face après le repas, chez lès femmes qui ont vu apparaître leur acné à l'époque de la ménopause ou à la suite de la brusque suppression des menstrues.

Citons encore deux cas d'acné sébacée fluente (sébaçor-rhée), où un traitement interne et externe par les eaux d'Aulus a produit non la guérison, mais une améliora-tion très apparente.

Contre-indications. — Les eaux d'Aulus nous parais-sent trop excitantes pour pouvoir être administrées sans danger contre les affections cutanées sécrétantes, à forme aiguë ou subaiguë, spécialement contre l'eczéma, lorsqu'il tend à se généraliser.

Nous n'avons pas perdu le souvenir d'un malade qui, à la suite de l'ingestion de quelques verres d'eau et surtout des bains minéraux, vit un eczéma subaigu des cuisses se généraliser rapidement. Inutile d'ajouter que le traite-ment fut immédiatement suspendu. Rentré à Paris, M. X.. se confia aux soins de M. le Dr Hillairet, et malgré les efforts de l'éminent médecin de l'hôpital Saint-Louis, l'ec-zéma ne disparut que quatre mois après.

L'emploi de nos eaux doit être réservé à la forme sèche, squameuse ou lichénoïde de l'eczéma, ou lorsque le suin-tement déjà ancien n'est pas abondant. Dans ces cas, la révulsion intestinale produite par les eaux est non seule-ment sans danger, mais amène bientôt une heureuse modification des symptômes cutanés.

Scrofule. — Les scrofuleux sont rares à Aulus, et faute de preuves suffisantes, nous ne pouvons actuellement gra-tifier ses eaux des propriétés antistrumeuses que certains de nos confrères, mieux édifiés sans doute, n'hésitent pas à leur reconnaître. Si nous avons constaté leur inefficacité contre certaines formes graves de cette diathèse, le *lupus* par exemple, nous ferons cependant une exception en faveur des ophthalmies scrofuleuses qui, d'après notre observation, sont heureusement influencées par leur usage.

Entre autres faits, qu'on nous permette de citer le suivant :

OBSERVATION XXXI. — *Kératite scrofuleuse.* — R..., âgé de dix ans (Ariège), offre tous les signes extérieurs du tempérament scrofuleux, a eu des gourmes, un catarrhe de l'oreille gauche, et une taie sur la cornée de l'œil droit, souffre depuis six mois de l'œil gauche. Nous remarquons que la cornée de l'œil malade est comme dépolie en certains endroits, parsemée de points noirs, et qu'elle offre à sa base deux taches d'un blanc jaunâtre formées par des dépôts plastiques interstitiels (kératite ponctuée intersti- tielle), conjonctive enflammée, larmoiement, photophobie, pau- pière supérieure rouge et infiltrée, nez gros et épaté, plein de croûtes, lèvre supérieure très enflée, lèvre inférieure volumi- neuse et pendante, teint bouffi et blafard.

Prescription. — Deux à cinq verres (source Darmagnac) le ma- tin, un verre le soir, collyre à l'atropine, sirop d'iodure de fer. Vingt jours après, nous notons l'état suivant : plus d'œdème à la paupière ni à la lèvre supérieure, le nez a également diminué de volume et n'offre plus de croûtes dans son intérieur. La con- jonctive est presque revenue à son état normal. La cornée est plus claire, plus transparente, les taches de la base sont moins accentuées et l'on comprend très bien que les épanchements inter- lamellaires sont en voie de résorption. Le larmoiement et la pho- tophobie ont disparu : la vision est plus nette.

L'état général n'est pas moins heureusement modifié, les chairs sont plus fermes, le visage plus coloré, l'appétit excellent.

Dans deux autres cas à peu près semblables, le résultat a été dentique.

Ici le succès de nos eaux doit être attribué non seule- ment à leur action altérante, mais encore à la dérivation salutaire qu'elles provoquent du côté de l'intestin. Cette appropriation des eaux d'Aulus aux maladies des yeux est

depuis longtemps connue des habitants de l'Ariège, et tous
les ans nous avons l'occasion de voir plusieurs baigneurs
qui, arrivés à la buvette, se débarrassent de leur bandeau
et se bassinent les yeux avec de l'eau minérale.

Syphilis. — Nous voici arrivés à la partie la plus déli-
cate et la plus importante de notre tâche : car, d'une part,
les syphilitiques constituent à eux seuls· environ un hui-
tième de la clientèle d'Aulus : d'un autre côté, l'action
antisyphilitique de ses eaux n'est pas admise sans conteste
et trouve quelques incrédules parmi nos confrères, de Paris
surtout. Ce scepticisme regrettable me paraît avoir sa
source dans l'exagération maladroite qui a présidé à la
réclame des eaux d'Aulus, peut-être aussi dans l'enthou-
siasme bien excusable de certains confrères qui, voyant
disparaître sous leur influence, des accidents tenaces,
rebelles aux moyens ordinaires, ont cru avoir définitivement vaincu le virus diathésique. Or, lorsqu'on se trouve
en présence d'une affection constitutionnelle qui, dans ses
manifestations protéiques n'épargne aucun tissu organique, qui, comme le Phénix de la fable renaît de ses cen-
dres, après vingt et trente ans de santé parfaite, pour produire alors des ravages d'autant plus graves, qu'étant
imprévus, ils sont généralement méconnus, il est certainement prudent et légitime de n'accorder qu'une confiance restreinte à la spécificité récemment constatée d'une
eau minérale. Pour nous, nous ne croyons pas aux spécifiques : c'est dire tout d'abord que nous n'admettons
pas la prétendue spécificité des eaux d'Aulus contre la syphilis.

Est-ce à dire que nous leur refusons toute action contre
cette grave affection ? Loin de nous cette pensée : les faits
cliniques qui se passent chaque année sous nos yeux nous

montrent qu'elles ont une valeur réelle, incontestable, et qu'elles méritent à tous égards la vogue qu'elles doivent à leurs succès. Seulement pour bien apprécier une médication antisyphilitique, pour tirer de son emploi des conclusions vraies, rigoureusement scientifiques, il ne suffit pas de voir disparaître, par son usage, un ecthyma ou une gomme spécifiques, il faut surveiller les malades qui en sont porteurs pendant dix, vingt ans même, pour être bien sûr qu'il n'y a pas eu un retour offensif de la diathèse. Il faut surtout les suivre après leur mariage, savoir si leurs femmes n'ont pas eu de nombreuses fausses-couches ou des enfants mort-nés, s'enquérir enfin auprès de leur médecin si les enfants qui vivent ne présentent aucun signe de syphilis héréditaire.

Comme on le voit, le problème est bien difficile et demande pour sa solution toute une vie d'expérience et d'observation.

On ne sera donc pas étonné que nous gardions une sage et prudente réserve lorsqu'il s'agira d'apprécier et de caractériser les effets des eaux d'Aulus dans l'affection qui nous occupe. Au lieu de rechercher si elles doivent leur action au *chrome* ou au *mercure* récemment découverts par le Dr Garrigou, ou bien à l'ensemble de leurs propriétés physiologiques, nous nous tiendrons sur le terrain déjà vaste de l'observation clinique, nous citerons avec tous leurs détails les faits qui nous ont le plus vivement frappé et nous en tirerons les conséquences qu'ils paraissent actuellement comporter. Cette attitude éclectique paraîtra peut-être trop modeste à quelques enthousiastes, mais, en revanche elle ramènera les esprits prévenus à une plus saine appréciation des mérites de nos eaux. *In medio stat virtus.*

OBSERVATION XXXII. — *Syphilide pustulo-crustacée à forme serpigineuse.* — M. R..., quarante-neuf ans, constitution forte, tempérament lymphatico-sanguin, a contracté, il y a quatorze ans, un chancre induré suivi d'adénopathie ganglionnaire, de plaques muqueuses à la gorge et à l'anus, d'alopécie et d'une éruption papuleuse générale. Malgré un traitement énergique et rationnel institué par un médecin distingué de Limoges, M. R... a vu apparaître, il y a sept ans, des pustules qui, se réunissant au nombre de cinq ou six, constituaient un cercle assez régulier, se recouvraient bientôt d'une croûte noirâtre, entourée d'une auréole cuivrée; d'autres groupes de pustules se formaient bientôt à côté, de manière à envahir de grandes surfaces qui se recouvraient également de croûtes adhérentes et légèrement enchâssées dans le derme. Malgré l'usage prolongé des spécifiques, cette syphilide a pris peu à peu la forme serpigineuse, tendant sans cesse à s'accroître par sa circonférence, pendant que les croûtes du centre se desséchaient, laissant à leur place une légère dépression du derme et des cicatrices linéaires de couleur nacrée. Après trois saisons à Barèges, absolument infructueuses, M. R... se décida à venir à Aulus, où il arriva le 1ᵉʳ juillet 1878.

A cette époque, syphilide pustulo-croûteuse, occupant la partie interne et postérieure de la cuisse droite et la moitié de la fesse correspondante, sur un diamètre moyen de 25 centimètres. Au centre, les croûtes sont rares et remplacées par des macules violacées légèrement déprimées et offrant par-ci par-là des cicatrices blanchâtres; sur les bords assez régulièrement arrondis, les croûtes se touchent presque et forment, par leur réunion, des arcades entourées d'une auréole d'un rouge sombre, qui tendent sans cesse à s'accroître. Il existe une lésion du même genre à la partie externe du coude et de l'avant-bras gauche, une autre à la partie externe et supérieure de la jambe gauche, d'un diamètre d'environ 10 centimètres. A la paume de la main, squames sèches et grisâtres sur une peau épaissie et indurée (psoriasis palmaire spécifique). Ces syphilides, vu leur ancienneté, ont dégénéré et participent, en certains endroits, de la nature papulo-squameuse, avec des squames grisâtres faciles à enlever, tandis que les croûtes noirâtres voisines sont difficiles à séparer et laissent voir le derme superficiellement ulcéré et recouvert d'une mince couche de sanie purulente.

Traitement. — De quatre à dix verres d'eau (source Darmagnac) progressivement. Le soir, bain minéral à 34°, suivi d'une douche générale de deux minutes de durée. Vers le quinzième jour de la cure, iodure de potassium à la dose de 50 centigrammes, puis de 1 gramme par jour.

31 juillet. — L'aspect général des syphilides s'est modifié ; les croûtes ont disparu en grande partie, surtout au centre, et sont remplacées par des lamelles très minces d'épiderme ; l'auréole sombre qui les entoure a pâli, leurs bourrelets circulaires ne font presque plus saillie. Lorsqu'on enlève une des croûtes restantes on ne fait plus saigner le derme sous-jacent, qui n'est d'ailleurs recouvert d'aucune sécrétion purulente. Les eaux, à la dose moyenne de sept à huit verres, ont donné lieu à quatre ou cinq exonérations quotidiennes et à un effet diurétique qui a eu pour résultat l'expulsion d'une grande quantité de sable rouge. Le malade a eu des sueurs nocturnes abondantes. Sous cette triple influence, M. R... a maigri, et son abdomen, un peu proéminent, est revenu à de plus modestes proportions, l'appétit est excellent, les digestions parfaites, les forces ne laissent rien à désirer. M. R... part le 1er août, désormais certain d'obtenir une guérison qu'il n'espérait plus. Je lui recommande de reprendre l'iodure de potassium au mois de novembre et au mois d'avril suivants, et de boire concurremment un litre d'eau d'Aulus tous les matins pendant vingt-cinq jours.

M. R... a ponctuellement suivi le traitement ordonné, et revient à Aulus le 2 juillet 1879.

Je constate, à ma grande satisfaction, que la guérison est à peu près complète. La syphilide de l'avant-bras a entièrement disparu, la peau a sa couleur et son élasticité normales, sauf quelques cicatrices gaufrées et nacrées qui l'éraillent çà et là. Même résultat à la jambe ; l'énorme syphilide de la fesse et de la partie postéro-interne de la cuisse est réduite à deux plaques croûteuses sèches, de la largeur d'une pièce de un franc. Tout autour on voit quelques macules bleuâtres, derniers vestiges de l'ancienne éruption croûteuse, partout ailleurs la peau a repris sa couleur normale.

22 juillet. — Les deux croûtes n'existent plus. On trouve à leur place le derme un peu épaissi et d'une coloration rougeâtre ; pas d'autre lésion à la peau et aux muqueuses, sauf deux ou trois papules croûteuses dans le cuir chevelu. Etat général excellent. Départ le 23 juillet.

La syphilide pustulo-crustacée que nous venons de décrire n'est autre chose qu'un ecthyma superficiel spécifique. Cette lésion, qui surgit habituellement dans la période moyenne des accidents secondaires et coexiste avec des éruptions rubéoliques ou papuleuses, ne résiste ordinairement que quelques semaines à un traitement bien dirigé. Ici cet accident n'a paru que sept ans après le chancre primitif, et s'il a résisté sept ans de plus à tous les efforts de la thérapeutique, c'est parce qu'il avait pris la forme serpigineuse qui imprime aux lésions spécifiques un cachet de ténacité bien connu des syphiligraphes. Les eaux sulfureuses fortes dont Barèges est le type, administrées sous toutes les formes, pendant trois saisons consécutives, n'avaient en rien modifié la situation morbide. Une seule cure par les eaux d'Aulus, aidée d'une petite quantité d'iodure de potassium, a suffi pour débarrasser presque entièrement le malade de cette hideuse manifestation, qui semblait avoir élu domicile pour la vie sur son enveloppe cutanée. Une seconde saison a fait radicalement justice des derniers reliquats.

Cette belle cure fait le plus grand honneur à nos eaux et accuse jusqu'à l'évidence leur efficacité d'action, sinon contre la diathèse syphilitique, du moins contre une de ses manifestations les plus rebelles.

Détail important à noter : M. R... a eu trois enfants depuis le début de sa maladie : deux sont morts du croup, vers l'âge de cinq à six ans, sans avoir jamais présenté un seul signe d'infection. Il lui reste une fillette de quatre ans, pleine de santé et de vigueur. Mme R... n'a jamais fait de fausse-couche.

Si je cite ce fait, c'est qu'il prouve que les enfants issus d'un père en puissance de syphilis active ne sont pas fatalement syphilitiques. On voit, à chaque pas, des jeunes gens à peine guéris de manifestations secondaires inoculables, se marier et avoir des enfants indemnes de toute infection spécifique. J'ai même connu des syphilitiques dont l'organisme a pu se débarrasser du virus vénérien, sans le secours d'aucun traitement, et qui ont des enfants magnifiques. Je ne dis pas cela pour qu'on s'endorme dans une fausse sécurité, trop souvent suivie d'un douloureux réveil; mais, pour l'avenir de l'humanité, il est consolant de penser que la contagion héréditaire est moins fréquente que ne le supposent certains auteurs modernes.

OBSERVATION XXXIII.— *Syphilis tertiaire.— Infiltration gommeuse du pharynx.* — M. S..., Paris, trente-cinq ans, est arrivé à Aulus le 10 août 1878, pour traiter les restes d'une syphilis contractée en 1869, et qui avait débuté par un chancre induré du fourreau, bientôt suivi d'adénopathie inguinale et cervicale, de roséole à larges plaques et de syphilide acnéiforme. Il n'y avait pas eu d'autres accidents secondaires, et M. S... se croyait débarrassé de son affection, lorsqu'en 1876, il vit se produire, à la partie anté-rieure et supérieure du tibia gauche, une tumeur sous-cutanée, arrondie, indolente, qui prit le volume d'une grosse noix, et fit bientôt place à une ulcération à bords taillés à pic, à fond jau-nâtre avec aréole d'un rouge sombre. Cette gomme ulcérée guérit au bout de six mois, à la suite d'un traitement ioduré et d'une saison à Uriage. On voit aujourd'hui à la place du néo-plasme éliminé une cicatrice blanche et gaufrée avec dépression considérable du derme. M. S... boit nos eaux cinq à six jours, sans direction médicale, et vient me trouver le 15 août pour des accidents douloureux de la gorge.

Etat actuel. — Tempérament lymphatique, constitution assez forte, mais actuellement affaiblie par les souffrances auxquelles a donné lieu une tumeur gommeuse ulcérée de l'arcade droite du voile du palais ; cette gomme, aujourd'hui guérie, a rongé l'arcade affectée sur une grande surface. Le malade accuse en ce moment une dysphagie assez prononcée, des élancements dou-loureux dans l'oreille droite ; la bouche est constamment pleine de salive, la voix nasonnée, le malade se mouche à chaque instant et expulse une sanie sanguinolente à odeur nauséabonde ; les deux glandes parotides, surtout la droite, sont douloureuses et du volume d'une petite pomme. Les ganglions cervicaux posté-rieurs sont également indurés ; dans l'épaisseur de la lèvre infé-rieure, on trouve une nodosité arrondie du volume d'une petite bille à jouer, qui fait saillie, sans érosion de la muqueuse, du côté interne de la lèvre (gomme sous-muqueuse). A l'inspection de la gorge, on voit toute la partie postérieure du pharynx gonflée, très convexe en avant, d'un rouge sombre, résistante au toucher, à surface luisante et comme vernissée. Cette infiltration diffuse de la muqueuse pharyngienne se prolonge en haut, derrière le voile du palais, et remonte dans les fosses nasales, surtout la droite.

Diagnostic. — Infiltration gommeuse de la partie postérieure du pharynx, intéressant la trompe d'Eustache droite, et se prolongeant dans les fosses nasales, qui sont à la partie antérieure, le siège d'ulcérations spécifiques, sécrétant la sanie purulente et nauséabonde dont il a été question ; inflammation parotidienne concomitante.

Traitement. — Huit à dix verres d'eau (source Darmagnac) le matin, deux verres le soir, bain minéral à 34°, pastilles de Déthan, iodure de potassium, à la dose de deux grammes par jour, frictions avec une pommade iodo-iodurée sur la région parotidienne, régime reconstituant, vin de Bordeaux, exercice au grand air.

18 août. — Même état : le malade a tous les soirs un peu de fièvre à l'heure du bain, je fais suspendre les bains, je place une rondelle de sparadrap de Vigo, sur la glande parotide droite qui est toujours très enflée, j'ordonne des fumigations avec une décoction de sureau dans laquelle on projette 50 centigrammes de cinabre. Continuation du sirop ioduré avec gargarisme adoucissant et pastilles de chlorate de potasse.

20 août. — L'état général est meilleur, M. S... n'a plus de fièvre le soir, l'appétit revient ainsi que le sommeil ; la dysphagie est moins prononcée, ainsi que la douleur de l'oreille droite, où le malade accuse un peu de surdité et quelques bourdonnements.

La parotide droite a diminué de moitié, la gauche est à peine enflée, aussi la salivation est-elle moins intense ; la partie supérieure du pharynx est moins convexe, moins bombée en avant, la muqueuse n'est plus aussi uniformément rouge et enflammée ; il y a par places de petits îlots de muqueuse rosée, entourés d'élevures d'un rouge plus vif. M. S... sent toujours une gêne particulière dans la fosse nasale droite en arrière. Il expectore en reniflant de gros crachats verdâtres, épais, striés de sang, et ayant une odeur forte. Je découvre à l'occiput une exostose grosse comme une petite noix.

23 août. — L'épaississement de la région pharyngée a beaucoup diminué ainsi que la rougeur ; il reste encore quelques îlots

qui font saillie par leur volume et leur coloration, de plus en plus sombre à proportion qu'on s'élève derrière le voile du palais, salivation à peine sensible; presque plus de pus ni de sang dans les sécrétions nasales, appétit très vif, sommeil excellent, les forces reviennent à vue d'œil. Les eaux purgent abondamment (sept à huit selles tous les jours).

30 août. — M. S... se croyant tout à fait guéri, a suspendu depuis quatre jours son traitement ioduré, et a enlevé le sparadrap de Vigo; au contact d'un air vif et froid, les parotides se sont gonflées de nouveau et sont redevenues douloureuses, ramenant un ptyalisme moins abondant cependant qu'au début; je fais reprendre immédiatement le traitement, et j'ai bientôt la satisfaction de voir cette recrudescence disparaître en quatre ou cinq jours. Le sparadrap de Vigo, qui avait été remis le 30, est enlevé le 10 septembre, veille du départ. Plus de gonflement ni de douleur aux régions parotidiennes, le pharynx, sauf un peu de rougeur, est à l'état normal; il n'y a plus de sécrétions ni d'embarras dans les fosses nasales. Les deux côtés du nez, le front et les joues étaient couverts de pustules d'acné, il n'en reste pas le vingtième. L'exostose de la région occipitale a diminué de moitié, la petite gomme circonscrite de la lèvre inférieure est à peine sensible au toucher. M. S... a recouvré la plénitude de ses forces, et quitte Aulus le 11 septembre dans un état de santé parfaite.

Je recommande la continuation du traitement ioduré pendant quinze jours encore, vingt-cinq bouteilles d'eau d'Aulus aux mois de novembre et de mars suivants, concurremment avec l'iodure de potassium.

J'ai reçu des nouvelles de M. S... au mois de janvier 1879. A cette époque il n'avait vu reparaître aucun accident spécifique et se trouvait dans les meilleures conditions de santé.

Réflexions. — Pas un patricien n'ignore la haute gravité des lésions gommeuses du pharynx et des fosses nasales. Le danger est d'autant plus grand, que les symptômes du début sont habituellement des plus insidieux. Un coryza rebelle, un peu de gêne plutôt que de la douleur dans l'arrière-gorge, et c'est tout pendant des mois entiers quelquefois. Le malade et le médecin s'endorment dans une fausse sécurité, lorsque tout à coup survient une ulcération qui gagne rapidement en surface comme en profondeur, ronge les tissus, dévore les cartilages, s'attaque aux os, les nécrose et ne se sépare qu'au prix des plus grands efforts et après avoir occasionné des pertes de substance irréparables.

Dans le cas actuel, le diagnostic n'était pas douteux. Il fallait agir vite et frapper fort. L'iodure de potassium à la dose relativement modérée de deux grammes par jour et, conjointement les eaux d'Aulus ont suffi pour amener en moins de quinze jours la résorption de l'infiltration néoplasique du pharynx et la cicatrisation des ulcérations nasales.

L'iodure de potassium aurait-il amené seul le même résultat? il est permis d'en douter. Je n'ignore pas que cet héroïque médicament a procuré d'assez nombreuses guérisons dans des cas identiques; mais quoique administré à des doses doubles et même triples, il est loin d'agir d'une façon aussi rapide et aussi complète. De plus, il ne faut pas oublier que mon malade prenait depuis longtemps de l'iodure de potassium à haute dose et que, malgré cette énergique médication, il avait vu une gomme lui dévorer une portion du voile palatin, une autre s'éterniser plus de six mois sur une de ses jambes. On peut donc affirmer, sans être taxé d'exagération, que nos eaux ont puissamment aidé la médication spécifique et contribué pour une bonne part à la guérison:

L'observation serait certes bien plus probante si les eaux d'Aulus avaient été administrées seules à l'exclusion de tout autre médicament; mais quel est le médecin honnête et consciencieux qui, en présence d'un aussi grave péril, n'emploierait pas toutes les armes qu'il a à sa disposition?

Comme dans la précédente observation, M. S... a eu deux enfants depuis les premiers accidents syphilitiques;

ils jouissent tous deux d'une belle santé et n'ont jamais
offert la moindre trace d'infection ; leur mère n'a eu ni
fausse-couche, ni enfant mort-né.

Observation XXXIV. — *Syphilis ancienne.* — *Syphilide papulo-tuberculeuse.* — M. B.... (Lyon), trente-huit ans, arrive à
Aulus, le 27 juillet 1879. Tempérament lymphatico-sanguin,
forte constitution, bonne santé habituelle, ascendants arthritiques
(père affecté d'asthme humide, frères rhumatisants), lui-même
a un catarrhe ancien de l'oreille, des pellicules dans les cheveux,
s'enrhume facilement et éprouve des douleurs musculaires vagues
par les temps humides, a eu une blennorrhagie en 1867, l'année
suivante une syphilis (chancre induré, adénopathie, roséole,
plaques muqueuses à l'anus, plus tard une éruption papuleuse
sur le corps et entre les orteils) n'a jamais rien eu à la gorge, ni au
cuir chevelu. Traitement régulier par les pilules de Ricord, plus
tard par l'iodure de potassium. Disparition graduelle de tous les
symptômes, santé parfaite depuis 1870, lorsque, il y a six mois,
M. B... a vu survenir une éruption de grosses papules, reposant
sur un noyau dur qui intéresse toute l'épaisseur du derme et se
recouvrant les unes de petites lamelles d'épiderme flétri, les
autres de croûtelles brunâtres. Ces papules tuberculeuses qui,
partant du milieu de la joue gauche, s'étendent sous forme d'un
cercle régulièrement arrondi jusqu'à la base du nez et au sillon
médian de la lèvre supérieure, ont une couleur cuivrée et forment un relief considérable sur la peau saine environnante.
Absence complète de démangeaisons.

Ce malade, aussitôt après l'apparition de cette syphilide, a pris
pendant deux mois de l'iodure de potassium à dose élevée, puis
sur les conseils d'un homéopathe, de l'arséniate d'or qu'il a
continué jusqu'à ce jour.

Prescription. — Quatre à dix verres (source Darmagnac), deux
verres le soir : grand bain minéral à 34°.

Au sixième jour de la cure, prendre une cuillerée à bouche,
puis deux, trois jours après, de la solution suivante :

<pre>
Iodure de potassium.......................   10 grammes.
Eau distillée   200   »
</pre>

20 août. — Ce traitement mixte a été très bien supporté, l'eau
minérale a donné lieu à sept ou huit selles quotidiennes. Appétit et
sommeil excellents. Les papules tuberculeuses sont toutes affaissées.

On ne sent plus entre les doigts de noyaux durs, ce qui prouve que la résorption de leurs éléments néoplasiques est complète. Le relief n'existe plus, la coloration serait normale s'il n'y avait encore quelques croûtelles brunes très minces, séparées par des sillons pâles qui sont des cicatrices commençantes.

Départ le 21 août. — J'ordonne, au mois de novembre et au mois de mars, un traitement mixte de vingt-cinq jours par le sirop de Gibert et les eaux d'Aulus à domicile.

J'ai reçu des nouvelles de ce malade, le mois dernier; quinze jours après le départ d'Aulus, la guérison était complète. Depuis lors, la santé ne laisse rien à désirer.

OBSERVATION XXXV. — *Syphilis ancienne.* — *Gomme syphilitique ulcérée.* — M. E... (Marseille), trente-sept ans, tempérament lymphatico-sanguin, constitution, forte autrefois, aujourd'hui détériorée, me raconte qu'il a eu en 1866, un chancre induré du fourreau avec adénopathie inguinale et cervicale, et des accidents secondaires variés qui ont disparu assez rapidement sous l'influence d'un traitement spécifique suffisamment prolongé. Santé parfaite jusqu'en 1875, époque à laquelle il a vu survenir à la fesse gauche une tumeur arrondie, indolore, qui a pris des proportions telles qu'en septembre 1878 elle offrait le volume d'une tête d'enfant. Le malade a suivi pendant trois ans plusieurs traitements spécifiques, mais sans succès. La tumeur augmentait toujours et ne lui permettait plus de s'asseoir et de vaquer à ses occupations. Ce que voyant, il se décide a entrer à l'hôpital. Le chirurgien, M. le docteur Combalat, craignant sans doute les suites d'une suppuration trop abondante ou trop prolongée, ouvre largement la tumeur par une incision de 14 ou 15 centimètres, et en enlève une grande portion. A partir de ce moment, la suppuration se déclare, on donne l'iodure de potassium à haute dose, on cautérise huit ou dix fois la plaie sans pouvoir arriver à la guérison. De guerre lasse, M. le docteur Van Gaver, médecin distingué des hôpitaux de Marseille, l'envoie à Aulus, et veut bien me confier le soin de diriger sa cure.

A son arrivée (2 août 1879), je note les faits suivants :

Pâleur cachectique des téguments, amaigrissement prononcé : le malade est sans force, sans appétit et dort à peine trois heures toutes les nuits. A la fesse gauche, un peu au-dessus du pli fessier se trouve une solution de continuité transversale de 12 à 14 centimètres de longueur, à bords irréguliers, anfractueux, ulcérés, taillés à pic; dans le fond on voit une masse d'un gris jaunâtre qui sécrète une abondante sanie purulente. Cette masse forme une induration profonde et considérable dans le sens de la longueur de la plaie. Au voisinage des bords, la peau est d'un rouge sombre, mais plus loin elle est décolorée et froide au toucher. Douleur spontanée nulle. Le malade ne souffre que lorsqu'il est obligé de s'asseoir.

Diagnostic. — Gomme syphilitique suppurée, cachexie commençante.

Prescriptions : quatre à dix verres (source Darmagnac), deux verres le soir, pas de bains.

8 août. — Les eaux ont été bien tolérées et ont donné lieu à deux ou trois exonérations quotidiennes. L'appétit revient, ainsi que le sommeil. J'ordonne un gramme d'iodure de potassium par jour, et comme je remarque que la région occupée par la tumeur est toujours pâle, froide et atonique, je conseille des bains minéraux journaliers à 35° et d'une demi-heure de durée.

26 août. — Les bains ont ranimé la vitalité de la plaie et des parties environnantes. Aujourd'hui la peau est chaude et rosée. Les bords de la plaie sont complètement cicatrisés en plusieurs endroits, partout ailleurs on voit que le fond de la plaie se recouvre de bourgeons charnus de bon aspect qui s'élèvent presque au niveau du derme, et donnent lieu à quelques gouttes seulement de pus épais et bien lié. L'induration profonde se réduit à un cordon dur dans le sens de la longueur de la plaie.

Tous ces symptômes favorables font prévoir que la cicatrisation sera complète dans quelques jours. L'état général est parfait. Les forces sont entièrement revenues et le malade fait tous les jours sans fatigue de longues excursions dans les montagnes. Départ le 27 août.

Un traitement hydro-minéral de vingt-cinq jours et vingt grammes d'iodure de potassium ont suffi pour amener ce magnifique résultat. L'iodure de potassium aurait-il seul produit les mêmes effets? On ne peut soutenir cette opinion, car il avait été administré inutilement pendant des mois entiers et à la dose journalière de cinq à six grammes.

Les eaux d'Aulus ont donc le droit de revendiquer presque tout l'honneur de cette belle cure.

Désireux de connaître l'action ultérieure de nos eaux chez ce malade, j'ai fait appel à la bienveillance confraternelle du Dr Van Gaver, qui à la date du 1er janvier m'a adressé les lignes suivantes :

« Depuis sa cure d'Aulus, M. E... va si bien, qu'il vient d'entreprendre un voyage dans l'intérieur de l'Afrique, qui exigera une somme de force et d'énergie considérables. C'est assez vous dire que notre malade continue à bénéficier de l'action favorable de vos eaux. Je considère ce résultat comme la plus haute expression des vertus curatives de vos eaux dans les cas de vérole invétérée : c'est certainement une belle observation, et je comprends votre désir de la compléter. »

OBSERVATION XXXVI. — *Syphilis cérébrale.* — *Hémiplégie droite.* — M. M..., (Orléans), tempérament sanguin, forte constitution, a eu la syphilis il y a huit ou dix ans, avec accidents secondaires variés revenant de temps à autre. Traitement spécifique irrégulier et assez incomplet. En janvier 1878, à la suite de veilles prolongées, d'excitations alcooliques et autres, il eut une nuit, des phénomènes de congestion cérébrale qui durèrent six heures avant qu'aucun médecin fût appelé, car quoiqu'il eût conservé la plénitude de ses facultés intellectelles, il ne pouvait parler ni se remuer. Le lendemain on constatait une hémiplégie droite, qu'on traita par des émissions sanguines et des purgatifs répétés. Il faut ajouter qu'avant l'attaque, il ressentait depuis plusieurs mois des douleurs névralgiformes à la tête et derrière le cou, qui s'exaspéraient la nuit et qui auraient dû mettre sur [la voie du diagnostic. M. M... garda le lit dix jours et aussitôt qu'il put marcher un peu, il alla à Paris consulter le docteur Grancher, médecin des hôpitaux, qui reconnut l'origine syphilitique de l'affection et ordonna l'iodure de potassium.

Après un mois de ce traitement, M. M... se trouva beaucoup mieux et crut devoir suspendre toute médication, jusqu'au mois de juillet, époque à laquelle il vint faire, à Aulus, une cure dont il retira une amélioration considérable.

Revenu à Aulus le 11 août 1879, je constate les faits suivants : L'hémiplégie a presque complètement disparu, car il ne reste qu'un peu de faiblesse avec très légère contracture dans le membre inférieur droit, et quelques fourmillements dans le bras et la main du même côté. Pas de céphalée nocturne, mais peu de sommeil, et de l'agitation à l'heure où il ressentait ses douleurs autrefois. Il accuse dans la moitié droite du corps une diminution de la sensibilité et quelques douleurs fugaces, tantôt à l'oreille au côté droit de la tête et du thorax, tantôt à la cuisse ou au mollet. Sentiment de constriction passagère au côté droit de la poitrine avec légère oppression et constriction en demi-ceinture, bouche déviée, langue embarrassée et parole difficile, foie volumineux, constipation opiniâtre, avec tympanite au niveau du colon ascendant, causée par la parésie musculaire de cette portion de l'intestin. État général bon.

Prescription : quatre à huit verres (source Darmagnac), deux verres le soir, pas de bains, exercice au grand air après le repas, ne pas dormir le jour, s'abstenir d'alcooliques et de tabac à fumer, iodure de potassium, cinquante centigr. matin et soir avant les repas.

16 août. — L'usage des eaux a d'abord exaspéré les douleurs erratiques des régions autrefois paralysées. Mais, depuis hier, le calme revient, le foie est moins volumineux, l'oppression est moindre à ce niveau ainsi que la constriction. Le sommeil est encore agité, appétit excessif, émission fréquente de gaz par le bas. M. M... a élevé la dose de l'eau minérale à douze verres. Sous leur influence, il a quatre ou cinq garde-robes journalières très abondantes.

Continuer le même traitement et élever la dose de l'iodure de potassium à deux grammes.

26 août.—Le malade ne ressent plus de douleurs névralgiques au côté droit de la face et du thorax, l'anesthésie relative de ces parties, ainsi que du bras et du pied droits a fait place à la sensibilité normale, sentiment accentué de force et de bien-être. Langue moins embarrassée et parole plus facile, sommeil meilleur, constipation vaincue, tympanite de la région iléo-cœcale à peine apparente. Bref, amélioration très marquée de tous les symptômes. Départ le 27.

J'ordonne, en novembre et en mars, un traitement mixte par les eaux d'Aulus à domicile, et l'iodure de potassium.

J'ai appris depuis que la guérison était complète.

Nous n'avons pas été aussi heureux chez deux malades également affectés de syphilis cérébrale avec hémiplégie.

L'un vient à Aulus depuis trois ans et a vu, il est vrai, son état s'améliorer graduellement, mais le membre inférieur paralysé est toujours faible et fortement contracturé. Le second hémiplégique depuis un an environ, est, depuis sa cure d'Aulus, moins sujet aux mouvements congestifs du cerveau. Il a la tête plus libre, la vision plus nette, et a pu nous écrire récemment une longue lettre dans laquelle il constate que ce tour de force lui aurait été impossible avant son arrivée à Aulus.

Il faut ajouter que ces malades, sous la direction de praticiens éminents, suivent constamment un traitement hygiénique ou médical des plus rationnels et des plus complets, de sorte qu'il est bien difficile d'apprécier exactement la part que nos eaux peuvent avoir dans les bons résultats que nous constatons. Peuvent-elles, dans ces cas, arrêter la prolifération des cellules conjonctives ou amener, seules, la résorption de ces éléments néoplasiques? Nous ne le croyons pas. Mais, par leur action dérivative sur l'intestin, elles doivent apaiser l'irritation cérébrale périphérique et éloigner les poussées congestives. Dans tous les cas elles favorisent puissamment l'absorption et l'élimination des spécifiques, avantage qui n'est pas à dédaigner dans des affections d'une si désespérante ténacité.

OBSERVATION XXXVII. — *Syphilis viscérale.* — M. L..., négociant à Paris, est âgé de trente-deux ans; tempérament bilieux, constitution forte, a habité les colonies de seize à vingt ans, et en a rapporté une syphilis qui a débuté par un chancre induré, bientôt suivi d'adénopathie inguinale et cervicale, de plaques muqueuses et de croûtes dans les cheveux. Traitement spécifique régulier. A vingt-six ans, après six ans de bonne santé, sauf quelques accidents secondaires de peu d'intensité, M. L... fut atteint de fièvres intermittentes qui, sous l'influence de la quinine et du quinquina, disparaissaient quelques jours pour revenir peu de temps après. Malgré cet état de choses, qui a duré quatre ou cinq ans, M. L... se maintenait et travaillait journelleme nt, lorsqu'au mois de juillet 1877, il remarqua sur son corps, principalement aux jambes, des taches livides qui ne disparaissaient pas sous la pression du doigt (*purpura hemorrhagica*); il en existait également au voile du palais et au pharynx. M. le docteur Rougeot, à qui il s'adressa, trouva le foie et la rate énormément développés, les veines superficielles de l'abdomen et du thorax très saillantes. Bientôt de l'œdème se manifesta aux membres supérieurs, surtout au bras droit, ainsi qu'au côté droit de la poitrine et du ventre ; peu d'œdème aux membres inférieurs; les amygdales se tuméfièrent au point qu'on fut obligé d'en enlever une, la droite. Aussitôt après, la gauche devint le siège d'une ulcération. Déglutition douloureuse et très difficile, impossibilité de respirer par le nez, hémorrhagies nasales répétées. On donna de l'iodure de potassium à haute dose et du sirop de Gibert. A la suite de ces traitements, l'ulcération de l'amygdale disparut ainsi que l'œdème des membres et du tronc. Il est à remarquer que tous ces phénomènes se passèrent presque sans fièvre, ce qui accuse de plus en plus la nature syphilitique de l'affection. Seulement, comme l'on constata quelques troubles du côté du cœur (étouffements, palpitations, fréquence avec irrégularité du pouls), on donna de la digitale, qui calma ces symptômes. Le mieux se déclara au mois de décembre, et le malade put reprendre ses occupations le 1er avril. Mais il était faible et languissant, l'appétit était peu développé, les digestions douloureuses; ce que voyant, les docteurs Gombaud et Rougeot décidèrent de l'envoyer à Aulus, et voulurent bien me l'adresser.

Arrivée le 10 juillet. — État actuel. — Teint d'un jaune pâle, visage bouffi, muqueuses décolorées. Le foie est sensible à la pression, le lobe droit mesure environ quatorze centimètres de hauteur, le lobe gauche dépasse les fausses côtes de cinq centimètres. La ligne médiane de trois. Les veines sous-cutanées du thorax et de l'abdomen sont très dilatées. Le ventre est tendu, un peu empâté. La rate mesure quinze centimètres. Le volume du cœur est normal, mais ses bruits sont exagérés. A l'auscultation, on entend au niveau du cœur droit un bruit de souffle au second temps. Appétit presque nul, digestions lourdes assez souvent douloureuses. Comme manifestations syphilitiques de la peau et des muqueuses, nous avons à noter quelques papules croûteuses dans la barbe, du côté droit, avec adénopathie cervicale du même côté. Dans la narine droite, on voit la muqueuse rouge, épaissie et parsemée de granulations d'un rouge vif. En se mouchant, M. L..., fait sortir de cette narine une sanie purulente quelquefois mélangée de sang, et d'une odeur infecte.

Diagnostic. — Syphylis tertiaire avec cachexie commençante, gomme probable dans le foie, lésion spécifique de l'orifice auriculo-ventriculaire droit, qui a provoqué un rétrécissement, par suite duquel le sang veineux stagne dans l'oreillette, et reflue dans les veines caves supérieure et inférieure; de là, difficulté de la circulation de retour, stase du sang veineux dans le foie, la rate, congestion de ces organes, œdème des membres supérieurs, hémorrhagies nasales, dilatation des veines sous-cutanées, bouffissure de la face, tous symptômes qui ont été observés au début de la maladie, et dont la plupart subsistent encore. Une néoplasie syphilitique, située à l'embouchure cardiaque de la veine cave supérieure, pourrait également expliquer le bruit de souffle, les épistaxis, l'œdème si marqué des membres supérieurs, et la dilatation variqueuse des veines superficielles, plus prononcée à la région thoracique qu'à la région abdominale. M. le docteur Oulmont a parfaitement mis ces faits en lumière dans un mémoire paru en 1856.

Prescription. — Débuter par trois verres d'eau (Source Darmagnac), augmenter progressivement jusqu'à sept à huit verres. Le soir, grand bain minéral à 34°, précédé et suivi d'un verre d'eau de la même source.

20 juillet. — M. L... qui jusqu'à ce jour, avait très bien supporté les eaux, a eu la nuit dernière, de vives coliques avec diarrhée abondante, que l'on ne doit point attribuer à l'eau minérale, mais à la constitution médicale régnante, comme le prouvent plusieurs cas semblables observés chez des personnes qui ne prenaient pas les eaux. L'orage apaisé, le malade recommence sa cure, le 21, et la continue sans incident notable jusqu'au 29 juillet, jour du départ. Les bains, qui étaient mal tolérés, sont supprimés depuis huit jours. M. L... prend, depuis une semaine, cinquante centigrammes par jour d'iodure de potassium.

28 juillet. — A l'examen du malade je note les faits suivants : le ventre est souple et indolent. Le lobe droit du foie a son volume normal, le gauche ne dépasse plus la ligne médiane et a diminué de trois centimètres; il est bien moins sensible à la pression. La rate a diminué de cinq centimètres. Le pouls n'est plus aussi fréquent. Le cœur est plus calme, et M. L... a pu faire de légères excursions sans palpitations, et sans grande fatigue. La fosse nasale est moins rouge et sécrète moins abondamment la sanie rougeâtre dont l'odeur est moins infecte. Les papules croûteuses de la barbe ont disparu, la bouffissure de la face également; le teint est plus clair. Les phénomènes subjectifs qu'accuse le malade ne sont pas moins satisfaisants.

Dès les premiers jours de la cure, grâce à une diurèse marquée, à de nombreuses selles noirâtres d'abord, puis verdâtres l'appétit est revenu. Les digestions se sont régularisées et le sommeil, qui laissait à désirer, est devenu excellent. Sous l'influence d'une nutrition meilleure, les forces ont augmenté, et avec l'amélioration progressive de tous les symptômes, le découragement et la tristesse ont fait place à la gaîté, prélude d'une guérison prochaine.

Au mois de juin 1879, M. L... est revenu à Aulus où il a fait une saison de quinze jours. Il n'a pas été malade depuis sa première cure, et a pu suffire, sans trop de fatigue, à ses incessantes occupations ; en décembre suivant il a expulsé en se mouchant, un séquestre de la narine droite ; depuis lors, la suppuration a disparu, et avec elle l'ozène. Aujourd'hui le facies respire la santé. Le petit lobe du foie est presque à l'état normal, les veïnes sous-cutanées sont bien moins saillantes, les troubles du cœur ne sont pas revenus.

Réflexions. — Dans l'observation qu'on vient de lire on voit que, grâce à un traitement très long, très énergique et très habilement conduit, on a pu, à grand'peine, se rendre maître des accidents aigus d'une syphilis viscérale qui menaçait les jours du malade. Malgré cela, neuf mois après le début des accidents, M. L... restait faible, allangui ; la force médicatrice semblait épuisée, et l'organisme, sans réaction, ouvrait la porte à la cachexie syphilitique. Nos eaux, par leur action sur les sécrétions glandulaires, ont dégorgé le foie, la rate, régularisé la circulation dans ces organes. Unies à une petite quantité d'iodure de potassium, elles ont opéré la résolution des néoplasies spécifiques viscérales et rétabli la circulation centrale, profondément troublée ; enfin, par leur action tonique et reconstituante, elles ont relevé les forces vitales qui ont pu, dès lors, lutter victorieusement contre la cachexie.

Nous pourrions multiplier aisément ces observations, car nous en possédons environ 110. Qu'il nous suffise d'affirmer que presque toujours nous avons obtenu sur les lieux une amélioration plus ou moins marquée, sauf dans une dizaine de cas où le traitement hydro-minéral simple ou combiné n'a produit, pour le moment, que des effets à peu près négatifs.

Les eaux d'Aulus administrées seules peuvent impri-
mer à l'organisme une modification favorable qui amène
plus ou moins rapidement la disparition des symptômes
de la syphilis. Les nombreuses observations de notre
honorable confrère, le docteur Bordes-Pagès, ne permettent aucun doute à cet égard. Cependant nous avons
remarqué que l'adjonction des spécifiques donnait aux
eaux une plus grande énergie médicatrice, et partant une
plus grande rapidité d'action, et si dans les cas légers
nous nous contentons de l'administration de la source
Darmagnac, en revanche, dans ceux qui sont graves, invé-
térés, nous n'hésitons pas à prescrire simultanément des
doses habituellement modérées de sirop de Gibert ou
d'iodure de potassium ; plus soucieux de la santé de nos
malades que de l'intérêt d'Aulus, nous employons alors
toutes les armes que la science a mises à notre disposition
et, comme le prouvent les précédentes observations, nous
n'avons eu qu'à nous applaudir de cette conduite. Une
remarque que nous avons faite et qui a pour nous une
grande importance, c'est que les préparations mercurielles
administrées concurremment avec les eaux d'Aulus n'ont
jamais donné lieu à la moindre salivation, même chez les
baigneurs qui, antérieurement, n'avaient jamais pu éviter
cet accident ; de même l'absorption de l'iodure de potassium ne se traduit presque jamais par ses phénomènes
physiologiques habituels (irritation des muqueuses nasale
et pharyngée, larmoiement, acné iodique) ; des malades qui
n'avaient jamais auparavant toléré ce médicament ont pu,
à l'aide de nos eaux, en prendre sans irritation marquée
un et deux grammes par jour, et cela pendant cinq à six
semaines. Les troubles digestifs qui accompagnent si
souvent l'usage des spécifiques, sont chez nous si peu
accentués que les malades de cette catégorie acceptent

volontiers une médication qu'ils ne subissaient autrefois qu'avec la plus extrême répugnance.

Ces remarquables effets nous paraissent devoir être attribués aux deux phénomènes suivants : absorption plus facile des spécifiques et élimination plus rapide; conséquence : innocuité plus grande du traitement, même prolongé.

Nos eaux n'auraient-elles que cet avantage, qu'elles constitueraient encore un adjuvant précieux de la médication spécifique et qu'elles devraient entrer dans la pratique courante des maladies syphilitiques (1).

Pour être complet, nous devrions nous étendre sur les bons effets des eaux d'Aulus dans certaines affections chroniques du cerveau et de la moelle épinière et les diverses paralysies qui en dérivent, dans les hydropisies passives, surtout l'ascite, dans l'obésité, les sueurs excessives. Mais ce serait donner à ce travail des développements qu'il ne saurait actuellement comporter. Nous renvoyons donc à plus tard cette étude clinique. Contentons-nous de dire que nous possédons déjà plusieurs observations qui affirment hautement l'efficacité de nos eaux dans ces divers états morbides.

---

(1) On nous adresse quelquefois des malades à la période initiale de la syphilis, ou au début des accidents secondaires. Nous croyons les eaux d'Aulus assez inutiles dans ces cas. A cette époque, l'affection est trop jeune, trop récente, elle accuse sa vitalité par des lésions trop variées, trop polymorphes, pour que nos eaux puissent influencer sensiblement sa marche ascendante. Un traitement mercuriel prolongé et un régime sévère nous paraissent bien préférables.

L'usage des eaux d'Aulus est surtout indiqué dans les accidents tertiaires ou dans les phénomènes tardifs et rebelles de la période secondaire. Nous ferons cependant une exception pour les cas où l'empoisonnement syphilitique se traduit, dès le début, par des troubles de la nutrition et de l'innervation avec état dyspeptique, insomnie, douleurs vagues, chloro-anémie. Ces malades trouveront à Aulus un air vif, et des eaux reconstituantes parfaitement appropriées à leur état.

RÉSUMÉ

En résumé, les eaux d'Aulus trouvent principalement leur indication dans les maladies suivantes :

1° Les dyspepsies en général, de préférence les formes *pituiteuse* et *flatulente atonique*, symptomatiques d'une affection constitutionnelle ou d'un engorgement du foie ; la *constipation*, les *hémorrhoïdes*, le vertige stomacal, la chlorose et la choro-anémie ;

2° Les *engorgements du foie*, principalement ceux qui sont le résultat d'une stase veineuse abdominale avec hémorrhoïdes et constipation ; la lithiase biliaire, les coliques hépatiques, l'ictère et l'*embarras gastrique ou bilieux à forme chronique;*

3° La *diathèse urique* et ses produits (sables, gravelle, calculs uriques) ; les *coliques néphrétiques*, la cystite chronique (catarrhe de vessie), l'engorgement de la prostate, la *blennorrhagie*, les rétrécissements sub-inflammatoires ou muqueux ;

4° Les *affections constitutionnelles : goutte, rhumatisme*, surtout lorsque ces états diathésiques sont liés à un trouble de la circulation abdominale, avec dyspepsie, constipation, hémorrhoïdes ; *herpétisme* (eczéma sec, dartres squameuses ou papuleuses, *acné* à forme congestive ou variqueuse); scrofule (*ophthalmies scrofuleuses*); *syphilis* secondaire ou tertiaire, cachexie syphilitique.

TABLE DES MATIÈRES

Paris. — Typ. Pillet et Dumoulin, 5, rue des Grands-Augustins.